不上班咖啡馆

打工人的 12 个觉醒时刻

古典 ◎ 著

四川文艺出版社

果麦文化 出品

推荐序一
勇敢做出人生好选择

美国诗人罗伯特·弗罗斯特有一首诗，其中有一段是这样写的：树林里分出两条路，我选择了人迹罕至的一条，从此决定了我一生的道路。

这段话讲的其实是人生选择问题。中国有句话叫"鱼与熊掌不能兼得"。当我们开始选择以后，就像选择面前的道路一样，选择了这个方向就不能选择那个方向。一个例子是：你选择住在北京，就不可能同时住在上海；你选择到美国留学，就不可能同时到英国留学。所以选择的过程，其实也是放弃的过程。那该怎么做出一个受益终身的选择呢？

我的观点是：这是做不到的。没有人能一下看透人生，像我们普通人，能看到未来两三年就了不得了，过好这两三年，能跟一辈子想要做的连起来很好，但连不起来也很正常。

这就像找公司合伙人一样，我找到了徐小平、王强一起做新东方，我们做得很好，一直把新东方做到了上市。但此后，我们就面临另外一个选择。我们知道，新东方上市以后，我们再在一起做合伙人，继续把新东方做下去，已经不可能像原来那样亲密无间了。因为在新东方变革的过程中,我们经历了一轮又一轮利益纷争,一轮又一轮意见冲突,最后选择了分开。我继续做新东方,徐小平和王强开拓自己的新事业。后来,他们一起创立了真格基金,真格基金的天使投资在国内有响当当的名声,这就是重新选择。

一种更困难的方式是,你痛苦地发现,你上一个选择是错的。这个时候,你甚至要推翻过去的生活,重新做选择。这个过程虽然痛苦,但是是必须的。

这个道理,我小时候钓青蛙时就有特别深的感悟。钓青蛙的竿是没有钩子的,在绳的末端系一小块鸡肉,然后把饵放在岸边稻田里抖动,青蛙就会以为是个小虫子在跳,一口把它咬在嘴里。按理说,在把绳子拎起来时,青蛙嘴巴一松,就可以跑掉的,但青蛙咬了饵之后,死活不松口,直到被我抓到放进麻袋里——因为咬住不松口,最后没了命。

很多人一辈子过得那么艰难,也是因为抓住一个东西不愿意放手。可能是因为他们原来付出太多,沉没成本太大。所以,该放的不放,该舍弃的不舍弃,该坚持的不坚持,这种心态肯定不对。

但更大的错误其实是:怕选错,因而不做任何选择。

选择读本书总比不读好,选择去走一万步或跑五公里总比坐在那儿不动好。

就连你坐在那儿,也是一种选择,只不过是一种消极懒惰的选择。

人们总在等一个确定的人生意义出现，然后才做选择。其实人生的绝对意义很难寻找，绝对正确的选择，也几乎没有，就连地球从长久来看都是要毁灭的，但是人生的相对意义是可以找到的。如何把自己的一辈子过好，如何把今年过好，如何把今天过好，这种意义和选择是可以找到的。

古典这本书，讲的就是这件事：如何在人生的每个关键瞬间，尽可能做好人生选择。

书里讲了四个青年人的发展故事，有北漂的小镇青年，在生活重压下，寻找自己的方向；有女设计师，陷入全职妈妈的无价值感中，希望重回职场；有面临被裁员的程序员，要拼命保住自己的家庭和前途；还有厌倦职场的运营人，要探索一个人的自由职业之路。

这都是身边普通的打工人遇到的常见的人生困境。在这些困境里，他们都需要重新做选择。故事里，他们遇到一家神奇的咖啡馆，在和胖子老板的一次次对话里，通过12张觉醒卡的工具，他们看清了自己，认清了世界，做出了更忠于内心的选择，活出了自己的精彩人生。

这本《不上班咖啡馆》，也是"打工人的12个觉醒时刻"。因为要做忠于自己的选择，首先要从别人给你的选择里醒来，变成自己的主人——变成你工作的主人，变成你心灵的主人，甚至变成你老板的主人。

这其实也是古典当年做出的选择。古典原来是新东方的一名优秀的 GRE 老师。当他看到"帮助更多人做出选择"这个方向，就离开了待遇优厚的新东方，活出自己独特的精彩人生，做了自己人生的主人。

　　工作是人生的一部分，但人生不是工作的一部分。生命过程里，我们追求的是人生的浓度，像茅台酒一样热烈的浓度；追求的是人生的高度，像珠穆朗玛峰一样的高度。人生有多长不是我们思考的问题，我们能做的只是锻炼好身体，延长生命的长度。但更重要的是人生的温度，我们是否将每一天都过得精彩？这个星期过得精彩吗？回顾自己的人生，你觉得精彩吗？面向未来十年、二十年，你觉得自己能够创造更加精彩的生活和未来吗？

　　期待你读完这本书，听见那个来自内心，激动人心的声音。

新东方集团创始人　俞敏洪

推荐序二

那个温暖的胖子

前段时间,古典跟我说,他要写一本关于职场的小说。就像我们心理学界共同的英雄欧文·亚隆一样,"用故事说话"。

除了众所周知的在职业生涯规划领域的地位,古典还是一个爱讲故事的人。他会讲很多有趣又富有哲理的故事。但他没写过小说。同样作为一个写书的人,我深知写一本小说有多难。你没有办法用熟知的知识和道理来作为小说的框架。小说需要的是人物、场景、对话,以及非凡的想象力。你需要克制头脑中理性的部分,去进入感性的世界。你需要去理解人。

好在这并没有难倒古典。就像他最爱的旅行方式是到各地冒险,这本书也是他在写作领域的冒险。从《拆掉思维的墙》开始,古典已经写了很多畅销书,但他喜欢尝试新的东西。"总是重复自己有什么意思!"他说。

现在,这本书已经放到了你面前。

我读这本书,觉得它像职场版的《解忧杂货铺》,写的是四个打工人的觉醒故事——迷茫的小镇青年、缺乏价值感的全职妈妈、大厂程序员和自由职业者的故事,他们都遇到一个神奇咖啡馆,遇到胖子店长。通过与胖子店长的对话和在现实中的尝试,他们逐渐找到了自己新的发展空间。书里出现胖子的那一刻,我就认出了这是古典本人,一样地博学,一样地热心,一样地犀利,一样地侠义心肠。

同样,我也一眼就认出了那几个遭遇职场困惑的人。他们不是一个人,而是一群人。如果你也遭遇了职场的困境,你也一定能从这些人身上,看到自己的影子。某种程度上,这些人所遭遇的,不只是个人的职业发展问题,也是时代变动给每个人的自我发展带来的困惑。这是职场的时代病。

而古典用这个神奇的咖啡馆,开出了时代病的处方,用故事,跟这些人一起探索出路。

我一直在关注的一个领域,是人的自我的转变。具体来说,是人如何通过新旧自我的更替,在迷茫中重新找到自己。我经常遇到古典书里所写的这些人,我也相信古典的这本书会帮到很多人。

和转变的历程一样,这几个人的故事有一个共同的主题:寻找。每个人都在生活中寻找自己更好的样子。工作,是这个自我最重要的载体。他们要进入未知的领域,去探索他们所不了解的自己。而古典和他的书,是安插在那个未知领域的自己人。他了解职场,也了解你的困惑。就像在不上班咖啡馆为每个迷茫的人递上一杯热咖啡的胖子,他是很多转变中的人的守护者。

我曾跟古典连麦,做了一场有趣的辩论:在职场,人到底能不能做自己。我作为反方选手，所持的观点是"不能"。作为一个没有太多职场经验的自由职业者，我觉得职场总是在异化人、牺牲人的自主性和创造力。作为正方选手，古典的观点是"能"。他客观中立地说了一些职场的好处。因为职场天然的缺陷和很多人对职场的不满，那天有不少观众站在了我这一边。

看这本书的时候，我发现古典用一个故事，回应了我们那天的辩题，那就是"掉进粪坑里的007"的故事。007因为失误暴露了自己，遭到了追杀。在前有阻截后有追兵的情况下，他发现有个粪坑可以躲。他毫不犹豫地跳了进去。他憋着气，敌人在上头走来走去，没有发现他。

当敌人终于撤退，007从粪坑里湿淋淋地爬出来时，他是会怪前一秒还风光无限，后一秒却如此狼狈的生活，还是会庆幸自己躲过一劫？如果他真的是007，估计是后者。

古典用这个故事来回应，职场的缺陷其实不是职场的缺陷，更是现实的缺陷。没有完美的现实。我们都需要面对现实、接纳现实，在不完美的现实里，寻找一条生路。而有时候，职场就是这样的现实。

我觉得他说得对。他没用道理说过我，却用故事说服了我。

这本书里有很多这样的故事。而我最喜欢的，是他最后所讲的，卡夫卡的故事。卡夫卡得了肺结核，在他生命的最后时光，他遇到了一个丢失了娃娃的小女孩。小女孩在那儿伤心地哭。他告诉那个小女孩，娃娃没有丢，只是去旅行了。然后，卡夫卡就以娃娃的口吻，给小女孩写信，告诉她旅行的见闻。

最后，卡夫卡写了一封告别信，告诉小女孩，娃娃要去南极探险了，再也没法回信了。可是，探险意味着世界上有很多的伟大，等着被发现。

古典说："和心爱的事物告别，独自面对危险的人生，是每个成年人都要经历的事。故事没有改变这个事实，却把这个突然的坠落铺垫成了滑滑梯。在善意铺成的滑滑梯上，失去和成长不再可怕，甚至有些快乐和刺激……借着一个又一个故事的铺垫，下落的重力变成了向前的冲力，昨日的失去变成了明日的追寻。"

这就是故事的意义。一个故事有用，是因为它带着这样的善意。而古典的这本《不上班咖啡馆》，就带着这样的善意。因为这种善意，我相信会有一个不上班咖啡馆存在，相信在你困顿迷茫的时候，会有一个善良的人给你递一杯热咖啡，也相信了这个温暖的胖子，想要通过这本书告诉你的道理。

帮你在职场重新找回自己的道理。

知名心理咨询师　陈海贤

推荐序三
当小红马醒来

在某个时刻，古典发明出了他的工作——职业生涯咨询。我说不准时间，因为未必只是从他 2007 年创业的那天算起；说"发明"，因为他对这一行的理解和行动，是不大一样的。

好吧，先用极端形式模仿一下对职业生活的常见抱怨：

在职场里上班正在取代在地狱里推石头，成了愁苦人生的新象征。没班上的时候惶惑，有班上的时候痛苦，痛苦于为如此微薄的价钱失掉了自己，同时，又恐惧失掉继续这份痛苦的机会。在写字楼敞开的工位里，一切行动和流程都被切割，你不知道自己在做的这件事的来龙去脉，也不信它有什么价值。你却要假装信那些注定失败的结构调整，假装信上司言不由衷的许诺，直到大家全都明了彼此都不信了，就发明出一套黑话，用来在会上"扯淡"，用来预防不慎说出心里话的追悔莫及。你看到一群聪明人在花样百出地干蠢事，眼前已无饼，头上仍有锅……

为了讨生活而无法继续生活，这真是个冷笑话。然而，这种荒诞的呻吟是真切的。我们调大音量，让它形成语音：说到底，人不自由，然而，人要是不信自己还有某种程度的自由，就没法感到尊严，甚至没法活着。这就是看似体面的职场的阴惨所在：它在清晰地提示你有多么不自由。曾经，我们以为熬过了白天就可以不再像西西弗斯一样，拍拍手，坦然地走上回家的小路，把这段被夺取的时间从生命里屏蔽出去，拥有一小段自己的生活。然而，在一切变得抽象以后，只有指纹打卡越发具体，具体为凌晨以后仍然不断跳出来的未读消息数字。是的，对不自由的提醒既清晰又不间断。

在物质和技术空前高涨的年头，生活下降为生存。传来传去的职场规则短视频，无非是勉从虎穴的生存术，说的人和学的人都懂得这是在加深错误，把旁人推入深渊，也使自己因冷漠而非人，或者说，而"职业范儿"。相关的另一个冷笑话是：森林里，两个人见熊来了，一起逃跑。跑着跑着，一个问另一个："咱们也跑不赢熊啊！"另一个答："谁要跑赢熊，我要跑赢你。"然而，谁告诉他熊这次只打算吃掉一个人呢？

这不是职业咨询这个行当能独立回答的绝境。然而，我清楚地记得，大约一年半前，古典眨巴着大眼睛盯着我，说："一个人能不能在职场里真实地活出自己？我来写一本书，回答这个问题。"

我对他的专业领域一无所知，然而我相信眼前这人能做这件不太可能成真的事。

他是个怎么说就怎么活的人。在做职业咨询教练第三年的时候，他出过一本至今影响颇大的《拆掉思维里的墙》，其中说

"这个时代（那本书初版于 2010 年）的玩法，就是找到热爱的领域，成为极限运动员"，"有意思比有意义更重要"，"真诚比智慧重要"，"人其实并不需要那么多的意义和模型……你要找的，是现在最有感觉的那一个"。这些段落让我觉得那本书不该被书店摆在"职场·成功学"的架子上，他强调的是把人从目的明确的手段里解放出来，去寻找和感受自己的生活。

当然，这很难，多少人宁愿一直受苦也不肯面对这种难。古典的职业规划方法论是从人生的根部释放潜能。

而他好像是从来就在这样生活，至今也在这样生活，多年来不置固定资产，不在意"风口"，放任它们飞起又落下。他谈论项目，问的是"这件事好玩儿吗？要不要一起来玩"。而且常常一连十几天找不到人，跑到戈壁上去野营，骑越野摩托，在我看来，那些行动缺少必要的安全措施，随时可能马革裹尸。这些从野地里和太阳底下得出来的经验又让他感慨：自己和顶级高手的差距"不是能力，而是价值观"，那种价值观的基础是不计后果的狂热。

他常说的是，大部分人觉得活得没意思，不是因为生活没意思，而是因为他们只在自己的安全区里。做职业规划，得先探索自己的价值观到底是什么，而无论是什么，"能对周围的人、对这个世界、对社会有价值，是人很重要的标志"。

一年多以前，我请他做一场关于职业的直播。提问者还是老问题："大学毕业以后，觉得能找到的工作都没意思，怎么办？"他眨巴着大眼睛微笑着回答："你先干着，现在能找到什么工作算什么工作，先干着。"提问的年轻人未必满意这个和自己家里人差不多的回答，特别还是出自古典的。直播结束后，他低声说："现在的情况，不先找个事情干的话，会因为长期的空闲失去行动力。"

半年前，也是一个节目里，他说最近有点儿喜欢自己创办的组织了，这话让我惊异：创始人难道会不喜欢自己的公司吗？这是可以公然说出来的吗？

不知道我说清楚了没有，虽然我对职业咨询一无所知，但是我相信古典的诚恳，他所说的，即是他所奉行之事。而且他一直在体察变化，体谅来访者。于是，几个月前，古典说："自己从前写的那几本书，说的是那时的环境。在当下，需要用另一种方式，和正在职场里彷徨打转的人说话。设定一个场景和几个有代入感的人物，讲讲故事怎么样？你看啊，职场里常见的问题无非是这么几类……"

我印象里，他那段时间大约是每天早起写作，再去上班，中间改过几套写作架构，直到现在的这本《不上班咖啡馆》。当然，中间他也不时中断书稿，四处骑行历险。

且说这"觉醒"。觉醒是大大小小的开悟。人，起码是故事中人，"渐悟"和"顿悟"并没有区别。一切内生的、重要的改变都需要必不可少的堆积和演化，一切也都需要偶然或突然的棒喝，所谓顿渐之分，无非是观测问题。比如，点亮一盏灯要获得火种，也要早早备下燃料。真正可惜的是拒绝再去感受、再去改变，只剩下一堆散乱的情绪和应激式的反应，关闭了超出自我的机会，或者将一切能量盲目地投注在自己厌恶的牌桌上。

如今的一种常见尴尬是，从前的安全区，此时剥落了镀金，现出了牢笼的本相——这里我不是说不清楚，是不能说得再清楚。然而，即便感受不到意思的工作，即便是发现自己是笼中鸟，也仍然不要放弃感受和思想，这是知道自己在活着的唯一选择。"工作中的人"和"生活中的人"原本也是一个连续的人。灯抽去了芯，变成了石头，石头当然不死，那是因为它没活过。古典常说的一句话是"无非是借假修真"，做一份引导他人渐悟或顿悟的咨询，成立一家自己也未必喜欢的机构，大约也是他在修自己。

何况，古典并不像我这么悲观。他在故事里化身胖子老板，把故事中人（以及读者）的问题关联到行业、职业分析，在各个阶段里发出了12张"觉醒卡"、12份觉醒之后的地图。

在第二个故事里，胖子老板向一个从前的优秀设计师、如今苦恼不堪的全职妈妈发出了下面这张觉醒卡："好的人生玩家在角色顺利的时候，深深入戏；但当角色受挫，能跳出游戏，改写剧本。"

在差不多完稿的时候，古典在他的"新精英生涯"办公楼外抽烟，跟楼下餐厅后厨走出来的大姐借了火，给我讲起书中那个小红马的故事：农夫因为天冷，饲料短缺，不得不杀掉农场里的动物，作为补偿，每个动物可以被满足一个愿望。最后轮到小红马。小红马的愿望是"我不喜欢这个故事，我要去别的故事"，便撒开蹄子，跑进了旷野。他说，这个故事是这本书的种子，我该把它放在哪里呢？他把这个故事讲给了那个年轻的妈妈，好让她将来讲给她的女儿。

真正的问题从来不是"上班还是不上班""找个什么样的班上"，我们没必要如此收窄对自己的想象，直到把自己锁死在一份工作里，我们甚至也不是被锁闭在固定的人生故事里。从这本《不上班咖啡馆》里醒来，再次相信自由是可能的，前往一个更好的故事。

知名作家　贾行家

目 录

小明的故事：从职位中醒来 ·········· 1

01 下班后，才是打工人的觉醒时刻 ·········· 2
02 发展不是爬梯子，而是攀岩 ·········· 6
03 定位 = 行业 x 企业 x 职位 ·········· 14
04 万金油工作也可以是好工作 ·········· 18
05 每个人都有三条发展新出路 ·········· 24

👁 *觉醒卡·职业觉醒*

06 什么决定了你的工资？ ·········· 30
07 转型就是"带着优势切趋势" ·········· 34
08 选公司：选鸡头还是凤尾 ·········· 39
09 如何面对不公平的世界？ ·········· 43

👁 *觉醒卡·发展之路*

10 停止找工作，开始卖自己 ·········· 54

👁 *觉醒卡·求职加速*

11 大城市的床，还是小城市的房？ ·········· 63
12 选城市：一线学习，二线发展，三线安居 ·········· 67
13 第四句行动咒语 ·········· 73

木子的故事：从角色里醒来 ········ 81

01 全职妈妈的苦难 ·········· 82
02 看不见的女人，困在隔音的家庭里 ·········· 90

👁 *觉醒卡·看见女性*

03 找回生活掌控感 ·········· 99
04 做个不完美主义者 ·········· 110
05 能量回流计划：和自己的约会 ·········· 116
06 展现脆弱是更大的勇气 ·········· 120

👁 *觉醒卡·掌控与勇气*

07 全职妈妈，还是重返职场？ ·········· 130
08 每个人都有自己的人生剧本 ·········· 134
09 人生主题：怎么才知道，我要过怎样的人生？ ·········· 140

👁 *觉醒卡·人生剧本*

10 什么拯救过你，就用它来拯救这个世界 ·········· 146
11 生娃也能弯道超车 ·········· 155
12 万花筒生涯：真我、挑战、平衡 ·········· 160
13 角色拥堵，重新调度 ·········· 169

👁 *觉醒卡·角色平衡*

14 一匹小红马 ·········· 181

王鹏和天蓝的故事：从专业和自由中醒来　185

01　裁员风暴来临 …………………………………… 186
02　年龄不是价值，专业不是壁垒，公司不是家 …… 192
03　30+ 的六条新出路 ……………………………… 200
04　自由职业之路并不自由 ………………………… 205
05　你是哪一种工匠？ ……………………………… 210
06　技术人才的成长之路：从技术到艺术 ………… 218
　　觉醒卡·瓶颈突破
07　超级个体＝独特优势 x 小众需求 ……………… 226
　　觉醒卡·IP 定位
08　技术转管理的四大天坑 ………………………… 237
　　觉醒卡·掌控管理
09　成为专家的三个秘密 …………………………… 252
　　觉醒卡·专家的秘密
10　压力等于毒素 …………………………………… 264
11　管理压力的四个步骤 …………………………… 269
12　拔出第二支箭 …………………………………… 274
13　你是粪坑里的007吗？ ………………………… 279
　　觉醒卡·心力提升
14　一条叫自由的鱼 ………………………………… 291

尾声：咖啡馆的告别晚会 …………………………… 300
跋：故事是苦难的滑滑梯 …………………………… 308
参考资料 ……………………………………………… 313

小明的故事：
从职位中醒来

01

下班后，才是打工人的觉醒时刻

在北京上班的只有两种人，一种在这城市里挖到了金子，一种在这里弄丢了自己。小明是第二种。

晚上八点半，同事走得七七八八，小明吃完外卖，又干了点活儿，才从办公室离开。虽然看起来很忙，但他其实没有什么今天必做的事——他只是不喜欢去挤人山人海的晚高峰。

对他来说，早点回家并不重要，那头也只是自己一个人在房间里吃外卖。

这是个清瘦的男孩，一件米黄色的长袖T恤套在身上，有些空荡；头发略卷，眼神温柔，嘴唇有点薄，也许是常年微微紧张抿着的缘故。此刻，他合上电脑，穿上天蓝色的厚羽绒服，走出公司。新鲜的冷空气扑面而来。

冬天的夜，寒冷又神秘。

小明踏出的大楼，位于北京著名的CBD。商圈挨着三环，有十几栋大大小小的白色高楼，加上楼底的步行区、绿化和小商铺，自成一个小世界。每天早八时分，人群从三环路和地铁里拥出，像潮水一样灌进大楼，漫过每个楼层、每个格子间。傍晚六点后，他们又像退潮一样无声消失，大楼变成海里的礁石，黑暗又沉默。偶尔能看到一些发亮的招牌嵌在某层楼的玻璃里，那是还在营业的饭店、小酒吧或按摩间，像落在礁石上的海星。

　　小明选择这时回家，还有两个理由。一是此刻的天桥——站在桥上俯身探望，能看到三环路上川流不息的车道，像一条闪光的大河。河的两岸，大型商场和饭店像码头一样灯火通明，不断有船只停泊和出发；回望办公楼，黑色的建筑物像悬崖一样神秘耸立；而远处的住宅小区像蜂巢，星星点点，那是一个个人家；每盏灯下都有人，人们在吃晚餐、看电视、朋友聚会、酒局谈事、独自散步、买卖东西……万家灯火下，这城市在重新生长，孕育出一切可能。小明热爱这生机勃勃——就是这种可能性，让他从老家的一个西南小镇，来到北京。

　　另一个理由是可以喂猫。天暗下来，野猫才会出来。猫不吃咸，留一半的米饭，拌点菜，用水泡一泡就是猫食。楼下有几个野猫聚集地，把猫食放上长椅，退开两三米，猫咪们就会不知道从哪儿钻出来，一边吃一边警惕地看，发出几声满意的赞叹。这时候小明会觉得没那么孤独。他忍不住想，如果有一天自己离开了,猫咪肯定比同事更伤心吧。

不过,今天这只小黑猫很不一样。它耳朵直立,长着琥珀一样的黄眼睛,步伐安稳,没有流浪猫的鬼祟,也不怕人。它侧身蹭着小明,跳上长椅,闻了闻猫饭,一口没吃,又跳了下来。走出没几步停下来,回头看看小明,叫了一声。那意思是:这都是啥啊,你跟我来。

嘿,你这家伙!小明一下子有了兴致。小猫不紧不慢地走,屁股一扭一扭。小明跟在后面,口里轻唤:"小黑小黑(心里给它取好了名字),你去哪啊?"不知不觉,他已经走到园区最里面的一栋楼,这里和地铁口方向相反,他很少来。

小黑跳上一张放着饭盒的长椅,驾轻就熟地开吃,偶尔还回头瞥一眼,好像说,"你看,这才叫猫饭!"小明轻轻地走上前,想看看它在吃啥,打眼看到了盖子上写着:不上班咖啡馆。

不上班?名字不错。不过,不上班,你养我啊?!

他左右看看,发现身后的一楼铺面,赫然就有一个黄蓝相间的广告牌,闪着几个字:不上班咖啡馆。

顺着牌子往下看,竟还站着个中年男人,他寸头黑发,身材微胖,看上去四十多,上身穿一件卷好袖口的红T恤,下面穿一条水洗蓝的老旧牛仔裤。

此时,这胖子正抱着手臂斜倚门框,一边抽烟,一边满足地看着小黑,温柔地微笑——这人身上有点反差——一个壮汉,却长着一双小孩子的眼睛。

胖子见到有人看他，抬抬下巴，算是打招呼。

"你是……这儿的，呃，老板？"

"是，刚开门，我晚九点开门，先出来喂会儿猫。"

"咖啡馆的名字怪好玩的。为什么现在才开门啊，你们主要是做餐食吗？"

"不，我主要卖咖啡。因为**下班后，才是打工人最清醒的时刻**。"胖子眨眨眼。

"会有人来吗？"

"来的人还不少呢，你不就来了吗？进来坐会儿吧。"

胖子像个老朋友一样招招手，自己先进去了。

小明犹豫了一下，把猫饭放到小黑身边，进了门。

一瞬间，许巍扑面而来："没有什么可以阻挡，我对自由的向往……"

02

发展不是爬梯子，而是攀岩

小明环顾四周，这是一家挺舒服的咖啡馆。宽大厚实的原木板做成的柜台，一看就是用了很多年，边角被磨得发光。柜台里放着台不锈钢的咖啡机，上面烤着杯子，微微冒着水汽。柜台后的墙上，挂着常用的咖啡和调料，上面的木格子则摆满了各种别致有趣的小玩意儿，有海贼王手办、各种昆虫模型、几块老化石和五颜六色的徽章，还有一墙的老式手摇磨豆机。房间里弥漫着烘焙咖啡豆的味道。

扭头看，整个咖啡馆也就不到三十平方米，大概能坐十个人。中间是四张厚橡木做成的圆桌，桌上有垂着金色灯绳的复古绿台灯，四周是黑棕色的藤椅凳。靠墙的一边，则是三个卡座。房间灯光不太强，墙上还打了点黄色氛围光，正中挂着一幅版画，上面是一只小熊在骑摩托车，整个布置像某个图书馆的一个咖啡角，让人安定。

"喝点什么？"

小明转过身，看到柜台上的小黑板上写满了咖啡名。

咖啡：

理想主义花朵 ·················· 35 元

可以不上班 ·················· 35 元

自由职业花园 ·················· 38 元

平衡之道 ·················· 35 元

送你一颗子弹 ·················· 28 元

超级个体 ·················· 35 元

茶与小吃：

专业馅饼比萨 ·················· 18 元

摸鱼也累炸薯条 ·················· 40 元

……

冲这个价位，小明就不会买。这是他一顿有点奢侈的中饭钱。前几年，他也许还会不过脑子地下单，但这几年经济不好，他所在的广告行业不景气。该花的要省着点花，不该花的要克制。小明爱喝咖啡，但挂耳咖啡味道也不差啊，一袋也就四五块，没必要买星巴克或瑞幸。况且今天是周五——如果是个安逸的周末，买杯咖啡在这里坐一个下午，倒也值得。

"不用了，我就看看。"小明连忙摆手。

"我请客,我们给每个第一次来的人,送一杯免费咖啡。"胖子老板微笑着做了个"请"的手势,示意他坐下,自己跑到咖啡机后捣鼓了一会儿,一股香气飘了过来。几分钟后,一杯咖啡端到眼前。"镇店之宝,理想主义花朵咖啡。"

小明实在不好意思拒绝,端起杯子抿了一口,算是接受了胖子的好意。不过不能喝太多,要不今晚一失眠,好不容易等来的周末赖床就没了。

这沉默有点尴尬,小明只好随便找话题,"老板,为什么咖啡馆要叫'不上班'啊?"

"不上班好啊,上班这么累,难道你喜欢上班吗?"

"当然不喜欢,谁会喜欢上班啊。都是为了生存啊。"

"真的没别的办法吗?你们这一代年轻人,真要回到家里躺平,恐怕也饿不死吧。"胖子说。

也不是真的没别的办法,小明想。他还真有另外一条退路——回老家。

放在两年前,小明从来没有想过这条路。他在这家广告公司五年了,这些年,小明的职业一直发展得不错,虽然这是个小公司,在业内却很有自己的特色。小明在这个行业摸爬滚打,靠着努力和勤快,从助理变成了客户经理,业内人叫 AE(Account Executive)。大城市的生活新鲜多变,业务上隔段时间换个客户也让他对各种商业模式大开眼界。他当时想,照这样一直下去,到了三十岁,他肯定能自己带项目,只要有手艺、有客户，到时此处不留爷，自有留爷处。

但是从去年开始，行业逐渐不好干了，公司的业务量不断下滑。商家在传统广告上花的钱越来越少，开始追求品效合一，每个点击既要有品牌升量，又要有销量——要脸又要钱。加上好几年的"大感冒"，户外广告的业务也掉了一大块，相关部门都被裁掉。小明的部门是核心部门，暂时还算安全，但不是长久之计。他也试过投简历，但整个行业都不好，他又能去哪里呢？

"上班这件事，**要追不要逃，重要的不是不想要什么，而是搞明白自己想要什么。**"胖子盯着小明眼睛说。

该死，这个胖子怎么像有读心术。

"其实，每个人都是这样。人们花了很多时间思考自己不要什么，或是万一失去了已经拥有的东西会怎么样，但却很少花时间去找自己到底想要什么。上班这么累，每个人都想逃避，但每天爬起来，又往办公室跑，因为上班支撑着他们很重要的东西——也许是更好的生活、家人的幸福，也许是看更大的世界……我们是为了这些，才努力工作的。"

"这话是说给那些不努力的人听的，"小明说，"但我不是，我一直是个追寻自我的人，我知道自己想要什么，而且一直很努力地去做，该做的事、该学的东西我都在努力做、努力学。但这有什么用？我的行业整个不行了，我学的那些东西都没用了。我还能做什么呢？"小明忍不住把自己的专业学习经历、来北京的奋斗史，还有广告业的变化，都给胖子说了一遍。

胖子很认真地听。听到小明的奋斗史,他激动不已;听到部门被裁掉,他也皱起眉,唏嘘行业不易。小明想,这胖子虽然和自己不是一个世界的人,但也还挺可爱。

听完以后,胖子问:"那当时你为什么想报这个专业呢?是自己喜欢吗?"

小明很喜欢广告。

小时候,别人喜欢看电视剧,他偏喜欢看广告。所以考大学时,他义无反顾地报了广告与传媒专业。但专业学习让人失望,老师们大多照本宣科,课堂呆板无趣。教材照着讲,PPT按着念。一次,一位老教师打不开课件,让他帮忙。小明搞了半天发现是文件格式太旧。他偷偷留意了一下存盘时间,竟然是八年前——这老师八年没改 PPT 了。

在这求学的灰暗日子里,唯有张老师闪闪发光。他在 4A 广告公司干过八年,因为父亲生病回到这个城市,成为当地学校的一名讲师。上课时,他会突然放下课本,打开自己当年做的项目方案,讲自己过往的职业经历,在那些精彩紧张的商业故事里,课本上枯燥的东西一下子活了起来,这是小明最享受的时刻。

课间,张老师会给大伙放自己收集的《广告饕餮之夜》的集锦视频,给他们看全球的有趣创意,遇到看不懂的老外的梗,他就给同学们翻译,然后讲到一半,自己先乐起来。一次谈到毕业后的就业,张老师说:"你们以后一定要出去看看,去大城市开开眼界，体验一下真正的广告的魅力！"

他讲了一个故事：披头士的主唱列侬有一次被问道："为什么你们从利物浦来到纽约，就再也没有回去了？"列侬回答："在古罗马时期，每一个优秀的诗人都要去罗马，因为那里是世界的中心。今天我们要来纽约，因为这里是世界的中心。"

张老师说："你们一定要去大城市看看，因为那里是中国某些行业的中心。哪怕有一天再回来，你也看过了世界到底有多大，你也能安心过日子。"

小明永远记得张老师说这句话时的神情，他眼睛发光，手指越过阶梯教室，斜四十五度向上指向远方，似乎已经看到了某个画面。就是这一刻，小明决定要去大城市，进顶尖的公司，看看这精彩的世界。

讲着讲着，心情竟然好了些。虽然解决不了问题，但说出来还是舒服多了。最后，小明叹了口气，耸耸肩总结："我努力在爬一个职业的梯子，还没爬到梯子顶端，却发现墙没了。也许我爸说得对，打工的尽头，就是体制内。也许，这就是长大吧。"

胖子用微微一笑接住了这个长大的感叹，然后对他说："这些年，你的行业的确不容易。不过你刚刚说，你爬到了梯子顶端，却发现墙没了，所以觉得没出路了。但你记得张老师吗？他不就是从广告公司退下来当老师的？他没有从事自己当年的行业，而是成为一名很好的老师，还点燃了你这样的学生。这是不是意味着，梯子外还有很多种出路呢？"

小明张了张口，没法反驳。

胖子继续说道："**职业发展可能并不是一个梯子，而是攀岩。不仅可以往上爬，还可以横向走，也可以斜着走。**有时候上面实在没有路了，左右看看，纵身一跃，就会有转机。

"两个月前，我遇到一个小姑娘，她是教培行业的运营。三个月前，她的行业突然被政策喊停，要求全面停止。她从毕业就进入这家上市公司，从一线做起，做到教学运营主管，手下带着三百多个人，前途一片大好。但一夜之间，这些积累就全没了。她晚上焦虑到睡不着，就想找个地方待着。最后，她走进咖啡馆，就坐在你这个位置。"胖子指了一指小明坐的椅子。

"我告诉她，行业没了，岗位没了，但是你的运营能力还在啊，你对人的理解，对流程的熟悉，对团队的管理能力，这些一点都没有丢。而且，职场上对运营的需求不仅没有少，还会更多，因为运营本质上就是把产品和人连在一起，大家都不知道自己要买什么的时候，恰恰需要你的能力。"

"道理是对的，但她怎么知道哪里需要呢？"小明问。

"这个我一会儿会慢慢说。我先跟你说结局吧。前几天，她告诉我，她有了一份满意的新工作——在一家新能源公司做运营。新能源汽车公司不仅仅有车的变化，他们也需要用互联网营销卖车，线上维护和车主的关系，这都需要运营。

"你要知道，教培行业的运营是行业内顶尖的，一个运营要维护三五百人的妈妈群，群里答疑要懂教育，销售课程要懂心理，随时处理群里的任何投诉和情绪，得抗压，要情绪稳定。

这种人对新兴行业来说简直就是大宝贝。她很快适应了新环境，发现之前的能力都用得着。你想，过去能搞定三百个妈妈的人，现在哄着一群极客大男孩，这简直是热刀切黄油，太顺滑了。"

胖子做了一个切东西的手势，把自己逗笑了。

他看着小明："所以，从梯子上纵身一跃的新出路，是不是很刺激，很好玩，也是一种可能？"

小明听得入神，他从来没想过还有这种操作。"那我该怎么找到自己的新出路呢？"

"你先喝一口咖啡，这个咖啡是特制的，没有咖啡因，不会影响你睡觉，但人会清醒起来。记得，下班后，才是打工人最清醒的时刻。"

03

定位 = 行业 × 企业 × 职位

"怎么给自己重新定位呢？"小明着急地问。

"你想，如果攀岩遇到了大石头挡路，该怎么办？先稳定心情，不要慌，然后观察一下周围环境。职业也是一样，要找新定位，先得看清楚现在的定位。"胖子说，"而世界上任何一个职位，都能通过三个坐标，锁定位置。"

他随手拿过一张餐巾纸，在上面写了几个词，用"×"连起来。

$$定位 = 行业 × 企业 × 职位$$

"比方说，你现在是'广告行业×S公司×AE'。我呢，在'餐饮行业的一家小咖啡馆做……老板，兼咖啡师、骑手、陪聊'。那个教培行业的运营女孩，则是'教培行业×X公司×运营'。总之通过这三个词，每个人都知道你是做什么的，这就是你的定位。"

"对,这样的确好理解很多。不过这个和发展有什么关系呢?"

"当你要挪动地方,你不能直接跳过去,而是手脚并用,逐步挪过去。"胖子做了一个换手的动作,"当你要转型,你也要思考怎么一步步调整。用这个定位就很方便。一个人从事的行业,代表了他有的'专业知识',公司代表他有的'人脉关系',而职位,决定了他的'能力',这都是我们多年积累的资本。当我们转行时,千万不要全部都丢掉,否则会让我们的积累化为乌有。而如果保住其中的一到两项不变,我们就会既有竞争力,又能应对变化。就像解开一个密码锁,先锁定其中一项,调动另一项,这样就很容易解出答案。

"用密码锁的思维看,你身边的职业变化就清晰了。你在公司里,从助理做到了AE,就是转动了'职位'这一项;有人行业内跳槽,知识和技能都在,就是只转动了'公司'这个模块;很多大公司的人,跳到同行小公司做高管,这就同时转动了'公司'和'职位'模块——一边要学习怎么做管理,一边要适应新的组织文化,就会有更大的难度。

"你现在之所以为难,是因为行业不行了,你要同时转动'行业''企业'和'职位',这样一来,你一点抓手都没有了。这等于攀岩的时候,整个人腾空而起,没有抓手,一旦抓不住,就会掉下去,所以你僵在这里,觉得根本没出路。是不是?"

小明点点头。他想起一个朋友是传统制造业工厂的HR,她对心理学很感兴趣,一次上心理学课程,听到"生命是旷野,不是轨道"这句话,彻底被点燃了,立志也成为心理领域的讲师。她辞了职,自学取得了心理咨询师的认证,又折腾了好几年,还是没有成功。最后,她想回去做HR的时候,行业认知、人脉和技能都生疏了,最后只能去比以前差很多的公司。

小明把这个故事讲给胖子听,问他:"那她更好的路径,是不是先去一家心理机构做HR,再慢慢积累讲课能力,然后一步步切过去?"

"是的,不过,步子还可以更细些。更稳健的路径是,先去一家心理教育机构做HR,在做HR的时候,就有很多机会接触好的培训机构,一边积累资源,一边培养自己的讲课能力。等到合适的时候,加入一家机构做专业讲师。等自己讲师的能力足够、个人品牌起来了,再去做自由讲师。记得,一次尽量只转动一个选项。"

胖子拿来一张餐巾纸,写下这四个步骤,这样逻辑更加清晰起来:

行业 × 企业 × 职位　　　行业知识 × 人际资源 × 能力

制造业 × 国企 × HR
心理 × 机构 × HR　　　　换个行业,积累讲课资源
心理 × 培训 × 讲师　　　换个企业,培养讲师能力
心理 × 一人企业 × 讲师　培养个人品牌、经营能力,
　　　　　　　　　　　　做自由讲师

"对啊!"小明有点兴奋,"这样的确一下子就开阔起来了。我有点懂你说的'下班后是打工人最清醒的时刻'了。打工人总盯着自己的公司和更高职位。而更应该做的,是在一个大的市场上看自己的定位。"

"对,淡化公司,淡化职级。每个人的人生,都是独特的,要去探索和创造,所以生命的确是旷野。但职场是一群人的共识,所以职场是有套路的。在我看来,职场是……"胖子转动眼睛,想找到那个词,"**生命是旷野,但职场是网格,要一步步地切过去。**"

"然后,千万别焊死在轨道上。"小明抢着说。他们同时笑起来。

"很有启发,看上去不相关的两个职位,其实完全是有路径的。不过我的问题好像比较独特。"小明皱着眉头说,"HR 每个公司都有,但 AE 这个职位,在别的行业根本没有。这该怎么办呢?"

04

万金油工作也可以是好工作

"方法很简单,还是拆拆拆,我们继续拆'职位'。"胖子信心满满。

每个行业都有独特的职位,每天也会冒出无数新职业,可千万别被那些新名词迷惑。虽然职位名字千差万别,但**本质来说,它们都是八种职能的组合:市场、销售、生产和服务、研发、财务、人力、行政、经营管理**。而新职业,常常就是这些职能在不同行业里的重新组合。比如说以前的图书编辑,现在叫作图书产品经理,听上去不明觉厉吧,其实是过去负责'生产'的编辑,加一点'市场和销售'。现在,看看你的职位,能拆出什么职能?"

这么一说,AE的职位也是能拆解的。刚入行时,小明的领导给他讲过,AE客户执行,是"大客户销售+高级客服+初级营销策划"。他要负责和客户谈单,出基础方案,拿下这个单;然后组织策略组和创意组的同事,完成整个广告的执行;其间,他要不断地把客户的想法，传递给后端，达到客户要的效果；最后，还要负责把项目的成果汇报给客户听。这职位非常综合，做好了，既可以不断地接单子，成为公司合伙人，也可以走专业线，还可以成为创意或策略总监，是很多新手入行的第一站。

"应该是三个职能，销售+服务+基础研发吧。"小明说得不太有底气，"是不是有点像万金油？"

胖子一边摇头，一边晃手指："当然不是。万金油不是坏事，证明你每种职能都有一些，这样的职业发展空间很多。你玩游戏吗？游戏开局时，有些角色上来就有明确的属性，魔力高的做法师，力量大的做战士。但有一些角色的能力就很平均，你可以自己设定升级方向，这种角色的好处，就是灵活性很强。"

对对对！小明是《火影忍者》迷，主角鸣人就是最后集齐了五种查克拉，成为最强火影的。不过想到胖子的年龄，小明忍住没说。

"职场这个游戏呢，它也有三种属性：能力值、专业值、资源值。

"前面不是说过八大职能吗？其中市场、销售、财务、人力、行政这些，是战士系的，主要靠发展能力值。这些职能什么公司都需要，行业和公司都容易迁移。干销售的，今天卖楼，明天也可以卖车。抖音主播们更加是啥都能卖。我一个哥们儿老曾，过去是房地产的策划总监，2012年那会儿房地产调控，他们搞房地产的每天都听财经新闻，研究政策动向。他突然发现，新闻里的'跨境电商'这个词出现频次很高，他开始关注这个行业，两年后，他辞职全力投入跨境电商，现在已经年营收十多亿了。销售的核心是洞察需求，取得信任，他们是容易跨行的。

"财务更是全行业通吃。说到财务，有一位我很尊敬的财务人，他原来是国内电商巨头的CFO，事业顶峰之际，却得了一种不治之症：渐冻症。他辞去所有职务，全力从事攻克渐冻症的研究和创业。"

"是他？"小明想起最近自己读过他的一本书。

"对，他是了不起的人。他在践行一种值得尊敬的生命路线：什么拯救过你，就用它来帮助更多人。你可以看看他的职业履历，在加入那家电商巨头之前，他从事的是政府的基础税务工作，然后做过电子、房地产、快销行业……财务的行业迁移，也是相对容易的。总之，如果你是战士系的，职业能力是你的护城河，一定要守住'职位'。"

"接下来是专业导向，研发、技术、生产和服务这几个职能，都需要长期在一个领域的学习，有很高的专业度，是靠专业吃饭的，属于魔法师系列。所以，他们往往只在一个行业内发展。比如一个医生，他可以做医院院长、医药推广、医疗大数据公司、养老保健，但都在医疗行业……行业的衰退，对于这群人的影响最大。

"还记得我前面提到的教培运营的故事吗？运营可以很容易地转型去新能源，但老师们，则更多在教培行业内迁移。有人会去做成人教育，有人会去做中小学生素质培训。如果你是魔法师系的，专业知识是你的护城河，要锁定自己的'行业'。"

小明想起自己大学辅导员讲的一句话——如果你热爱一个专业领域，就应该去追求更高学历。但如果你不喜欢自己的专业，又没想好做什么，为了逃避就业去读研读博，反而会摔得更惨。那个时候小明不理解为什么，现在看来，越是投资专业，反而越没有迁移能力。

这个想法马上获得了胖子的认同，"对对对，没想好玩魔法师，就不要猛点魔力值。"

"最后我们说说资源值，这个是高阶玩家才考虑的属性，典型的职能是经营和管理。管理者一开始都是从专业或技能走出来的，但走到这一步，更重要的其实是资源，是有一个能陪你打仗的团队，有几个关键时候愿意扶你一把的大佬。这些玩家的发展，则更加倚重资源。他们的发展路线往往和组织绑定，组织要求做什么，就调动资源做什么。公司小的时候，跟对一个老大；公司大的时候，选定一个好的组织；时机好的时候，振臂一挥，带着大伙开创一份事业。对于他们来说，锁住一个能持续成长的平台最重要，他们要守住的，其实是'公司'。不过，在玩高阶之前，先把你的专业或者技能值做好。"

小明突然释然了，原来自己不想回家做公务员是有理由的——体制内的工作常常玩的是"资源型",不会搞关系就很难仅靠技能和专业获胜。更重要的是站好位、跟好队,做好领导分配的工作。他想法太多,也不会来事儿,更没有背景,干不明白资源型的工作。

这胖子是个老法师,小明想。如果大学的时候,早点知道,就不会走这么多弯路了。

胖子刚才一顿输出,讲得口干舌燥。他端起水杯,咕噜咕噜地给自己灌了两杯水。正好这个时候,有一位穿格子衫的中年人进来,胖子起身招呼,顺手递过来他写字的那张纸,笑着敲敲空白处。

"万金油小子,今天时间也不早了。你是什么属性的?又准备走哪条路?"胖子说着,又"来啦来啦"地迎接新客人去了。

小明看看时间,才发现,不知不觉已经十一点多了,快要赶不上地铁了。他来不及和胖子细聊,匆匆道了个谢,推门要走。

胖子从店里追上来,递给他一张卡片。

"拿个打折卡,记得常来哦。"

门在身后关上,还依稀听到胖子的声音:"欢迎欢迎,我们新店开张,新客人都送一杯咖啡……"

夜里,门外有点冷了,小黑早就不知去处了。天光暗了下来。小明拉上衣服拉链,长呼一口气。抬头看去——在这个城市的角落,竟然能看到几颗星星,小明以前从未发现。

走过天桥，发光的大河依旧川流不息。刚才的对话，像是把小明从车的驾驶位，突然拉到了职场世界的上方，让他第一次鸟瞰职场。他想，即使是**在同一家公司，职位相同的两个人，也可以带着不同的追求，修炼着不同属性，进入完全不同的行业、企业和职位赛道，走向自己不同的人生。就像每一滴水，看似聚成溪流，但它们会流往不同的方向。**

那我的方向在哪里呢？

小明不禁往咖啡馆的方向看去，那个咖啡馆老板到底是干什么的？自己怎么会和他聊这么久？大城市的神秘和生机勃勃，让你总能遇到意想不到的人。

深夜，小明躺在自己的小房间里，毫无睡意——刚才的一切真的发生过吗？

他突然想起那张卡片，顺手翻找起自己衣服的口袋。

一张卡片掉了出来。

05

每个人都有三条发展新出路

打折卡是常见的名片大小，咖色硬卡纸，纸纹细腻。灯光下看着很高级。正中间有一只惊人的大眼睛。但仔细凝视，这眼神并不犀利，甚至还有些温柔，让人想起刚才的胖子老板。凑近看得再仔细些，瞳孔里竟还藏着一个带着翅膀的飞轮，两个眼角有两颗心，整个眼睛发着光芒。下面写着咖啡馆的名字"不上班咖啡馆"。

翻过来，上面写着"觉醒卡"，下面有许多小字。

不上班咖啡馆

觉醒卡·职业觉醒

* 遇到困境，要追，不要逃。
* 只盯着公司内部职级会被迷惑，用"行业 × 企业 × 职位"重新看看自己的定位。
* 职业发展不是梯子，而是攀岩，要灵活地上下左右移动。
* 生命是旷野，但职业发展是网格，尽量每次只移动一步。
* 所有的职位都能分成：市场、销售、生产和服务、研发、财务、人力、行政、经营管理八种职能。
* 了解三种发展路径：行业内积累专业，职位上积累能力，企业内积累人脉。

GOGOGO

（1）试着写写，你的"行业 × 企业 × 职位"的坐标是什么？

（2）分析一下自己的职位，你已经拥有哪些职能，具备哪些专业、能力和资源？

（3）接下来，你准备走哪一条路呢？

1. 完成上述任意一项任务，可免费获得"可以不上班"咖啡一杯。有效期15天。
2. 店主胖子拥有一切解释权。

这不是刚才的对话吗？怎么就被记下来了？即使是速记，也不可能马上打印成卡片啊？

胖子到底是谁？他怎么知道这么多职业的事？我能相信他吗？

最重要的是，我真的能找到自己的新出路吗？

小明眉头紧皱，手心微微出汗，心里千万个问号浮现。但这张觉醒卡就实实在在地躺在掌心，这又让他感到安心，他知道，刚才的一切是真的。他用指尖轻轻捻摩这张卡片，对自己说，别想了，完成这些问题，再和胖子聊一次。到时候会真相大白。

想着想着，小明沉沉睡去。

第二天是周末，小明没上班，却难得起个大早坐在电脑前，开始梳理这些问题的答案。

- 定位：一名小广告公司的 AE = 广告传媒 × S 公司 × AE
- 专业知识：广告营销理论、各平台的媒体趋势、提案、总结的模板、业务交付的 SOP
- 迁移技能：销售、演讲表达、维护客户关系、项目管理、协作沟通
- 人脉资源：大客户公司、合作过的同事和前同事、直属上司、张老师

小明写完这些，内心充实又感动。过去自己一直盯着薪酬和职级，从来没有这样看过自己的这些积累。五年的努力并没有随着行业衰退就失去，每一点都长在了自己身上。有付出就有回报，这是真的。

小明继续写：

带着这些资源和能力，我有三条发展的路：
1. 从专业发展出发，做一名专业营销人士，找个有前途的行业，重新学习行业知识，像那个进入电商行业的房地产总监一样。
2. 从技能发展出发，留在行业内，加入有数据化营销能力的公司，继续做 AE，学习怎么做数据化营销。
3. 从资源发展出发，去给认同、喜欢自己的公司做大客

销售（过去的努力福报来啦），或者跟着现在的直属领导干。以后如果 AE 做得好，集齐客户资源和前同事，甚至可以自己创办一个小公司。不过这的确不着急。

接下来，我要点击哪一棵技术树呢？

小明又卡住了。

周一晚上，小明本想一下班就过去找胖子，趁着开店前单独聊聊。但下午接到客户的反馈，方案还要继续调整。甲方爸爸说了一堆"能不能更大气一点，同时要通俗易懂""能不能直接指向销量，又要兼顾品牌效果"之类的需求——这就像你去剪头发，要求理发师"短一点但不要太短，商务些又要不失活泼"一样——他们自己也没想清楚，但就是不满意。

不过老板说，客户每次要修改方案，都要说"行"，这就是修行。小明花了一下午，陪客户梳理和确认了需求，又买了咖啡和晚饭安抚发飙的创意总监和已经被逼疯的设计大哥。大家忙完，已经十点多了。

咖啡馆还开着吗？小明凭着记忆找，原来的地方果然还亮着灯，这次他注意到，门口停了一辆白色的摩托车，卡片上的那个飞轮应该就代表着这辆摩托车，呦，看不出来，胖子还真是个自由骑士呢。

咖啡馆这会儿没客人，胖子肩上搭着毛巾，提了个小水桶，哼着小曲正准备出门擦车。看到小明来了，放下东西，给他倒了一杯水。小明这才意识到，自己整个下午一口水都没喝。他一边小口抿着，一边把自己周末做的功课以及遇到的困惑和盘托出。

"我该选择哪条路呢？"

胖子问："打折卡带了吗？"他在小明递上的卡片上，打了一个洞，示意他先坐下。

不一会儿，胖子端上一杯热咖啡，左手背在身后，右手做了一个"请"的手势说："恭喜获赠咖啡一杯！"

小明这次没有扭捏，接过来喝了一口，说："很香耶。"

胖子说："我正好要去擦车，你就来啦，但我喜欢一次专注做一件事。我们打个赌吧，我一会儿考你三个问题，如果你全部答对，我就送你一杯咖啡。但如果你答错一条，就帮我擦一次车。"

哈哈，有趣。

来吧！

06

什么决定了你的工资？

胖子的兴头也上来了。他顿了一顿，正色道：

"请听题：定位＝行业 × 企业 × 职位。这三个要素里，哪一个对你的职业收益助力最大？"

小明想了想："应该是'行业'吧。总听人说，只要站在风口，猪都会飞。"

"Bingo，答对，得一分！"

"'行业'排第一，'职位'排第二，你最担心的'企业'排最后。"胖子伸出三根手指，一一比画。

"我前段时间，刚刚参加完二十周年大学同学会。你会发现所有过去在互联网、房地产、金融、出口外贸领域的人，他们整体的平均收入、见识、素养都比其他行业的要好。大学同学，能力知识能差多少？长期来说，这就是行业带来的红利……"

"胖子老板……呃，可以这么叫你吗？"小明小心翼翼地打断，"有一点我真的不明白，大家都说行业的红利，到底什么是行业红利呢?"小明问。

"叫我胖子就行,你真是个特别的年轻人。"胖子搓搓手,大笑。

"平时我给别人说这些,别人问我的都是,那有哪些热门行业呢?这些人没搞明白本质,也抓不住红利。其实你想,**职业的本质是啥?是通过帮别人解决问题来获利。该给你多少钱,不是你有多厉害,而是别人的问题有多大**。同样是销售,卖房比卖汽水的人赚得多,因为人们对房子的需求比汽水更大。

"简单说,是需求决定价格,不是供给决定价格。新兴行业的需求多,供给不足,行业里的人收入就会持续走高。"

"那,你说的快速发展行业,是指网上常说的那种今年十大热门行业吗?"小明问。

"不,新兴行业肯定热门,但热门行业不一定是新兴行业,你看2018年还有人冲着房地产热门进入,但如果一个人穿越到今天,他们肯定不会这么选。热门只能表示大家都在挤进去。一群膀大腰圆的大佬在干的事,你一个年轻人,有什么优势呢?新兴行业是未来的热门行业,今天恐怕还收益不多,门槛不高。这就是新人的机会。

"你看微博刚出现的几年,稍微有些名气的人,自己一个人操作,很容易就有几十万粉。现在微博倒是热门,但要达到同样的效果,要付出很多倍努力,要投入专人运营。对于年轻人来说,要去找新兴行业。"

小明想起一次行业分享,标题就是"怎么把水卖出天价",

答案是"去沙漠"。同样的能力，新行业的收益会比原来高。新入行的人，不需要很厉害就能赚到钱，这就是新行业的红利。

除了市场的供需，也一定要记得关注技术变化，技术的爆发也会带来新需求。 比如，1990年前后互联网兴起了，大家都在琢磨在网上能干什么。首先，肯定是查资料啊，于是有了谷歌和百度；要通信聊天啊，于是有了腾讯。有资料，能聊天，就可以在线上做生意啊，电商行业就出现了。新技术的第一批爱好者，往往都是年轻人，所以技术红利，也常常是年轻人的好机会。"

小明听到这儿马上附和："还真是！听说Open AI团队的平均年龄也就三十二岁，每个人都身家过亿。"

胖子点点头："这就是技术的红利啊。"

听到这里，小明有点理解自己的老板了。他告诉胖子，公司线下广告部门被裁掉，不是因为他们不再优秀，或者没处理好关系。而是客户觉得，这个方式不需要了。而数据营销的崛起，则是一种技术带来的红利。他在专业论坛写帖子，打嘴仗讨论"真正的广告是靠创意还是靠数据"的时候，早有一群人奔向更能解决需求的技术，离他远去。

胖子听了大笑："对，桌子倒了，还可以扶一扶；墙要倒了，谁都扶不住。被裁掉，短期看是老板无良，长期看，老板也只是社会需求的传感器。早死早超生啊，早点被开掉，也是早点逼你找新出路。'泰坦尼克号'里最好的水手也会随着船沉没，不如主动跳入水里，即使只是抓到一块小木板，时代的大潮也会推着你往前走。这样你才有机会重新上船，随着聚合的人越来越多，你有机会有自己的船，甚至舰队。这就是你说的，站在风口上，猪都会飞。"

"所以，你是鼓励我到一个新兴行业去？"小明有点犹豫。

"是的。"胖子点点头，"如果说技能的刻意练习，是手动复利的话，进入一个快速发展的新行业，就是自动复利。因为整个社会、同行都在给你助力。这也是为什么，**决定你收益的第一要素，不是专业和能力，而是进入快速发展的行业，那里是年轻人的新机会。**"

听到这儿，小明有些迟疑。

如果刚毕业，他的确会听得热血沸腾，想要马上做点什么。但这几年下来，他的视野打开了很多，也不再那么幼稚了。他见过太多的广告客户，听了个故事就进入新行业，疯狂投钱，几天内把广告铺上全城电梯间。但一两年以后，这些广告就永远消失不见了。他的一个好朋友，前几年加入互联网金融，还自己投钱买了公司股票，最后公司负责人跑路，他还欠了一屁股债。

"像你说的，新兴行业的确是个机会，因为需求短期是被满足了。但如果过段时间，大家都进来，这个优势不就又拉平了吗？"

"你说得对。"胖子对这个反击有些意外，小明有超过他年纪的冷静。他挠挠头，想了几秒，说："你或许能从第二道题里找到答案。"

07

转型就是"带着优势切趋势"

"**请听题：在行业、企业、职位三要素里，哪个对你长远的职业成就感、幸福感影响最大呢？**"

这道题好难啊。

刚说了，行业对收益影响最大，钱多自然很幸福啊。公司不稳定，同事勾心斗角，这也没有啥幸福感可言。职位就是自己具体做什么，如果做的东西不喜欢，那就真的是生不如死。到底哪个更重要呢？小明有点拿不准了。

"可以试试看用排除法——失去什么会让你活不下去？"胖子提示。

一定要选的话，公司之间可以跳槽，同事也可以换，交往不了的就别交往，难合作的就少合作，只有自己做的事，是面对自己的，这个没法换。

"我选职位。"小明说。

"Bingo，又答对了！

"职位,也就是你具体做的事,是最影响你的幸福感的,因为你可以维护好别人,哄好领导,但是你永远骗不了自己。反过来,你事做得漂亮,公司自然会更器重你。你自己做得开心,状态好了,同事关系也不会差。"

"那怎么才能知道做什么会更好、更幸福呢?"

"发挥优势。做你有优势的事,自然会更好更幸福。"

"哎,对啊。不过,我觉得自己没啥优势。"公司里都是大神,小明这几年只觉得自己忙得焦头烂额,每天被客户怼,被同事埋怨,好像处处不行,没觉得自己有啥优势。

"**每个人都有优势,只是还没有被梳理出来。找优势就像淘金,一堆不起眼的沙子里,总有几个闪光点,把这些不起眼的金粒收集起来,就是一颗价值不菲的金豆。**"胖子做了一个沥沙子的动作。

"我们也来沥沥你这堆沙子。看你的工作里的这些职能,销售、研发、服务、统筹、沟通……哪些点上,你是比别人更强的?"

这么一说,小明还真的想到一些。自己虽然缺乏所谓的狼性(小明一直挺烦这个词),但在做营销方案的时候,获得的客户反馈是很好的。他不像公司其他的 AE,都是靓丽的美女帅哥,见到客户侃侃而谈,喝着咖啡用 iPad 说说方案就能把客户谈下来。他这种小镇青年,见人总是自带一些羞涩,看到厉害的客户,就是忍不住有点唯唯诺诺。但他舍得在方案上下功夫,不管成不成，他总是尽可能地让方案更加详细踏实些。买卖不成，也有点交情。所以，他拓展的新客户不多，回头客却是最多的。

另外，他好像也很擅长组织大家。因为自己是学营销出身，能很好地理解创意和策略同事的难处——说理解还不恰当，他甚至对这些专业人士有些崇拜。别的 AE 打着甲方名号压活儿的时候，他能用服务心态对待这些同事。创意部的文案和美术，虽然敢直接怼领导甚至甲方，但对他总留有一丝商量的语气。

暂时想到这么多，小明试着把这些闪光点捏到一起。他的优势是懂点营销、愿意真心服务对方，以及能很好地和干活的人沟通，推进项目的阻力更小——他似乎看到了小金豆。

"你是说，这都是我的优势吗？"

胖子此刻特别温柔，他对小明点点头说："你看，你有很多优势。每个人都有自己的优势。"

"但我还是不懂销售，领会领导意思总是很慢，而且，也不太敢要求别人。"小明还是有点不自信。

"没有人是完美的。重要的是先把优势放大，规避劣势。如果你金沙泥沙一把抓，别人看到的大部分还是沙子。你要先把金子挑出来，把这些优势放大。既然这些地方你做得好，就要努力做到全公司、全行业最好，不断放大这些优势。当这些点越来越多，你会有越来越大的金豆。而且，你要不断地给这个金豆抛光……"

"什么叫作给金豆抛光啊？"小明不理解。

"就是不断强调、宣传自己的金豆啊。比如汇报的时候，你可以说，我虽然不擅长销售，但我是最……的 AE。你甚至可以有一两个这样的品牌故事。你讲得越多，金豆就越发光，你也就能接到更多的适合你的业务，这样你的金豆也更大了。当你要去新行业的时候，你要找到能兑换金豆价值的行业。这样，加上行业的红利，你的金豆，会变成金条。"

"我还是不太自信，"小明说，"我这个二本的广告营销专业，读得稀里糊涂的，专业方面根本比不上那些名校的人。我只是比同事多点兴趣罢了。"

"小老弟，这么想可不对。"胖子拍拍小明的肩膀，"**持久的兴趣，也是一种优势。**因为感兴趣，你会投入更多，成长也会比别人快。"

"现在，还记得你问我的，风口没了，猪会摔死的问题吗？猪必须在这段时间里，长出翅膀来。它们必须趁着红利，在这个领域站稳脚跟，培养自己的优势。"胖子继续说。

"怎么培养呢？这需要你本身就有这方面的优势。你本身就擅长做，又有兴趣学，自然成长得比别人快。这样一来，你能抓到除了技术和行业之外的第三种红利——'人才红利'。发展好的行业，会吸引更多优秀的人。一群优秀的人在一起，相互之间学习比拼，这个速度就会呈几何倍数增长。

"你想想，如果你喜欢讲脱口秀，在你老家讲得再好，有几个人听？有几个同行能研究？但在大城市，每天至少有十多个地方在讲，有好几百个同行能陪你聊，是不是会成长得更快？"

"年轻人要去大城市，是不是也是这个道理？"小明突然想起来什么，问胖子。

"是的，大城市的人才红利相当高，尤其是行业集中度高的行业，搞互联网的可以来北京；要做网红，去杭州更快。"

胖子最后总结道："这就是**职业发展最底层的战略，'带着优势切趋势'。没趋势，收益不高。没优势，收益不长。**"

"所以你不建议我随便去个热门的新行业，而是进入一个自己有优势、感兴趣的新行业。"

"不错！"胖子说。

"不过别骄傲，第三道题，才是真正的难题，很多人都折在这里。"

08

选公司：选鸡头还是凤尾

"**如果你准备进入一个新行业，有两个工作机会，你会选择大公司的非核心岗位，还是选择小公司的核心岗位？**"

如果去新行业，能进入大公司自然好，符合人才红利原则。但是如果不能两全其美，是选择公司还是选择职位呢？小明思考了很久。

这是个鸡头凤尾的问题。大公司成功的概率高，资源好，但是非核心岗又没法提升新技能。小公司很不稳定，但是如果做核心岗，以后可能还能再跳，可是跳槽这件事，又怎么能保证跳到更好的公司呢？以前他也和同事讨论过，大家各执一词，没啥结论。

胖子有点得意，甩甩手中的抹布，看样子有人帮他擦车啦。

突然，小明想起刚才胖子说的，跳出公司和薪酬职级，回到需求看问题。新行业的价值是解决了新问题，如果去了非核心岗位，虽然公司成了，自己能升职加薪，但是提供新价值的依然不是我，自己并没有什么成长，只是占到了便宜。

但如果去了小公司的核心岗位，自己解决新问题的能力会上升。这样，能力就长在了自己身上。只要有新的能力，以后也会有机会去大公司。

小明有点拿不准，但还是说："我选择去小公司核心岗位。"

"答对了！"胖子很吃惊，"你这个小子还真有点悟性。大部分人都看不清，他们认为大公司加新行业就值得去，其实即使你去马斯克的 Space X 做个 HR，火箭上天和你有什么必然关系呢？创造价值的，是新行业的新技术。

"而且在新行业里，大公司常常表现不佳，他们原来的钱赚得太容易，船大不好调头。反而是一些迅速崛起的小公司，他们招不到当时最好的人，所以愿意培养人。他们钱和资源没那么多，所以更加务实，更加接地气，你在里面能真正成长起来。到时候，你自然可以一步步地进入大公司。

"所以，在新行业里，鸡头比凤尾，离凤头更近。"

三道题答完了。小明手上的觉醒卡又多了一个洞。

小明感激地握着这张卡，对于自己要走哪条路，心里有了答案。

他还比较基层，也不是会来事的人，并不准备走资源路线。他曾在去数据营销公司继续做 AE，还是去新行业做营销之间犹豫了很久。但现在清晰了，他的优势和热爱在营销策划，而不是大客户销售。所以，他要拨动"行业"的链条，找到一个新兴的行业做营销工作。

他知道，胖子其实是把答案包在问题里给了他。**而问题比答案宝贵太多。有了正确的答案，他或许能走对这一步，但有了正确的问题，他可以解决未来很多的事。**

胖子看上去却有点可怜。他摊开双手，耸了耸肩，很委屈的样子。他从柜台重新捡起毛巾，搭在肩上："好吧好吧，没考倒你。你走吧。我今晚又要自己擦车啦。"

小明被他的尿样逗笑了，他说："老板，我也考考你吧。问，把一辆摩托车擦好，需要几步？"

"不知道。"胖子摇头。

"第一步，把车推到门口。"小明边说边向胖子走出一步，"第二步，拿出水和毛巾。"小明又走了一步，"第三步嘛……"小明冲过去，抢过毛巾，冲向门外，大喊一声：

"找个朋友，一起擦！"

今天晚上有月亮。月亮映在镀铬的排气管上。每用毛巾擦一次，水渍浸过车身，小月亮就会消失，但过一会儿干了，月亮又会出来，更圆更亮。擦了几轮，排气管上的月亮就和天上一样亮了。擦车原来这么解压。

小明问车另一侧的胖子："老板，你应该买得起车啊。为啥骑摩托车呢？"

胖子直起身来，点了一根烟，长呼一口。

"我不喜欢开车。开车总让我觉得自己是在一个玻璃盒子里看世界。夏天开着空调,雨天打着雨刷,你和世界,总是隔开的。**骑摩托的时候,你和世界融为一体**,道路在前面徐徐展开,树木从两边飞驰而去。你感觉到强风扑面,能闻到空气里树叶的味道,偶尔一场大雨,雨水打在你身上,是清凉和微疼的。这个时候,我觉得自己真实地活着。

"有时心里烦了,我就会出去骑一圈。速度让我保持精神集中,脑子没空想任何事,只能完全地专注当下。一圈下来,这些烦恼就好像都被吹掉了。**骑士都热爱自由,自由不是想去哪里就去哪里,真正的自由是面对真实,心无杂念。**

"跨上车,打着火,拧动油门,就是自由。"

09

如何面对不公平的世界？

晚上小明翻看这张觉醒卡，卡片后的文字又变了。

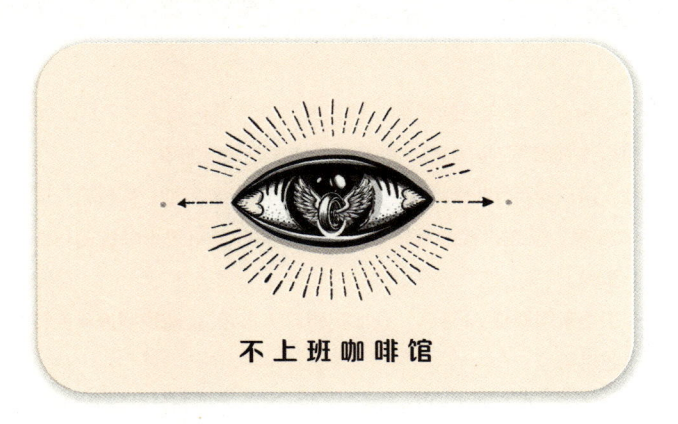

觉醒卡·发展之路

* 需求决定收入，而不是供给决定收入。

* 新需求、新技术的变化都会带来新行业、新机会。
* 行业的第一波红利，是需求红利；第二波红利，是人才红利。
* 每个人都有三种发展路径：专业线、技能线、资源线。
* 带着优势切趋势，才不会风口过后掉下来。
* 优势像淘沙，把自己工作里的一些闪光点汇聚起来变成金豆。
* 去新行业里的核心岗位，哪怕是小公司。
* 真正的自由是面对真实，心无杂念。

GOGOGO

（1）拆分一下自己的职能，你在哪些地方有闪光之处？闪光点可以是你做得很好的事，也可以是你很感兴趣的事。

（2）用六种新行业探测器，了解你身边可能的新行业、新机会！

- 36氪、艾瑞、虎嗅等投资媒体，定期会发布关于融资的行业新闻。
- 用搜索引擎或AI搜索"行业招聘趋势报告"，能找到近年的行业趋势。
- 翻翻三个本行业大神的自媒体，他们常常会发布行业最新趋势。
- 关注你所在行业的行业峰会的文章，上面往往会谈及这个行业的最新趋势。
- 如果你在朋友圈持续看到某个行业的热点，这也是一个征兆。
- 最后也是最重要的，打听一下你所在公司主动离职员工的去向，他们的方向很有可能是新趋势。

1.完成上述任意一项任务,可免费获得"可以不上班"咖啡一杯。有效期 15 天。
2.店主胖子拥有一切解释权。

不查不知道,一查吓一跳。

按照卡上说的方式做行业探测,小明发现很多新机会。AI、芯片、机器人、元宇宙、6G、航天这些高精尖的不必说,生物科技、大健康、新能源汽车、VR、老年经济、宠物经济、海外电商这些领域的产值都在以每年 20% 到 30% 的速度增长。不夸张地说,你即使什么都没变,收入也会带着你增长。他有一些老同事进入这些行业,过得都很不错。

原来,你以为自己的行业很糟糕,社会很萧条,但总有人在闷声发大财。

他把这些行业都列了出来,一个个排除。

小明还记得,要"带着优势切趋势",所以他给自己定了三个选择标准:第一,营销是该行业的核心岗位,这样自己的优势能迁移过去;第二,自己感兴趣的行业,因为转行要学习专业知识,只有感兴趣才会一直学;第三,自己能看得明白的行业——他不想再踩那些 P2P[1] 的坑了。

首先划掉的,是很多市场营销岗位不那么重要的行业,比如 6G、芯片、航空航天,都是大国企在做。另外,还有一些比

1　P2P:互联网借贷平台。

如元宇宙、生物科技、AI、VR什么的。他看了一圈这些行业的峰会报道，实在有点看不下去，不感兴趣。对了，老年经济倒是发展得很好，只是自己太年轻，比较无感。

最后，留在纸上的，还有三个行业：健康产业、新能源汽车、宠物经济。这些领域都有成熟的产品，正在打开市场的阶段，需要很多营销人才，他也都很感兴趣。他决定从这些入手。

怎么去找这里面的机会呢？

小明想起胖子，但又觉得应该自己先试试看。这两次和胖子的对话，他想明白一个道理，**想要别人帮你，首先要自己有行动。**要别人教你真东西，不仅仅是听话，还要提出有力的疑问。比如，他就明显感到，他对胖子所谓的新兴行业的质疑，让胖子对他另眼相看。

毕竟，谁愿意帮一个摊开手，只想要答案的人呢？

小明兴冲冲地登录招聘网站，按要求填完简历，选择了一些目标行业的营销策划岗位，投递了出去。一周过去了，他只接到四个电话。一个是培训机构问他是不是要考证，一个是保险销售，一个疑似传销。终于一个公司的HR电话来问了一下，也再无下文了。

什么年轻人的转行机会？一点机会都没有！那就是一个大饼。小明觉得，过去自己是井里的青蛙，虽然什么都不知道，但还算能过下去。现在，他被胖子拿出井底看了看天，又被狠狠地丢了回去。现在，他连班都不想上了。

所以，当小明再次推开咖啡馆门的时候，他甚至有些生气。看到胖子走过来，他只是"嗯"了一声，然后端起面前的水，闷头喝起来。

胖子看了他几秒，突然哈哈大笑（好讨厌！），拍着他的肩膀说："是不是没找到合适的机会啊？"

小明还是低头喝水。他知道自己心里有火，想压压情绪。但一杯水都喝完了，心里的憋屈一点都没少。胖子也发现小明的不对劲，不再嬉皮笑脸，在他对面坐下来说："抱歉啊，我没有嘲笑你的意思，是不是不顺啊？"

小明终于忍不住了，心里的怨气一股脑发泄出来：

"这些天，我努力按照你给我的建议去做，的确打开了眼界，但是真的去干，一点反馈都没有，这件事太难了。而且，我看看我的同事，发现很多人根本就不考虑发展的事。

"我们前台小姑娘。她是本地人，从来不用考虑这些什么红利啊、定位啊，她就可以一直与世无争地做前台。她喜欢刘若英，就去追她的演唱会；喜欢话剧和手工，周末就去玩；每天打扮得很时尚，生活过得岁月静好。她来上个班，仅仅是为了有个事做。上家公司开掉她，她就休息几个月，然后再换个公司上班。

"还有我们公司的创意杰哥，大专毕业，爸妈是大学教授，他们家不要求他学历有多高，就希望他做点自己喜欢的东西。他坐在我旁边工位，经常给我看他和女孩子的聊天记录，说家里又给他介绍一个。他有北京户口，又很有趣很会玩，能认识很多比他条件好的女生。

"这段时间他认识了一个读传媒的女生,比他优秀很多,他说他要认真对待,还总问我,'哥,这条信息该怎么回?'他有时也和我讨论一些买房、孩子读书片区的问题。我问他,'你要买房吗?'他叹气说,他不想背房贷,就靠老爷子了。

"唉,他是我好朋友,我并不嫉妒他。但接下来好几天,我都觉得心里压了一块大石头,非常不平衡,聊天吃饭都很敷衍,不想和他说话。

"而我呢?凭什么我就要研究什么职位职能、鸡头凤尾、行业调研啥的,把自己搞得这么累?!"

小明没想到自己一口气能说这么多。

这些话他憋了好多年,像一个你怀疑里面已经长霉,又不敢打开看的食品盒,突然打开,发现白毛长得到处都是。

"我老家在贵州毕节,你也许都没听过这个小地方吧。我爸是林业局的小科长,妈妈在厂里开小卖部。他们供我上大学已经很不容易,更不要说在北京买房。我同事赚八千敢花八千。我来的第一个月,押一付三,手上就只有五百块钱,自己做饭带来公司吃,还要跟人说在吃减肥餐!

"我不埋怨我的父母,他们已经很努力了。我就想知道,凭什么?凭什么是我要苦苦发展,有些人就可以什么都不考虑?发展发展,发展到头,也比不上躺在起跑线的人,那为什么还要发展?"

能言善辩的胖子消失了,他变得湿润又柔软,像一块湿抹布。

他喉咙动了一下,好像要说什么,到嘴边觉得不合适,那些话就又退了回去。两个人就这么沉默着,最后,这些话变成了一个肩膀上的轻拍。

"我的小兄弟,你辛苦了。靠着自己走到今天,你,还有你的父母,真了不起。"

他长久停顿了一下,接着说:"这些年我经历了很多,现在,我越来越确信一点:世界就是不公平的。

"我们常常跑到吐血,也达不到别人的起跑线。但想想自己,看看你家乡那些没读过书,没出来的同学——我们也常常站在别人无法企及的起跑线上。从这个角度来说,世界没有公平可言。"

胖子说着摸摸口袋,想抽口烟,但想到在店里,又把手放了下来。小明没想到,他的爆发,会带给胖子这样的触动。在他眼中不愁吃喝、自在逍遥的胖子,也理解这些。

他拍拍胖子,陪他去门口。他们肩并肩坐在门口台阶上,夜风正凉,胖子点上烟,深吸一口,烟丝哗啦哗啦地燃烧。

"你刚才讲的,让我想起看过的一部纪录片《含泪活着》,讲一个中国的父亲。他是 1954 年生人,三十五岁那年,他离开自己妻子和六岁的女儿去日本谋生。本来希望半工半读,但就读的语言学校在一个荒凉小镇阿寒町,他在那里根本支撑不了自己的生活,于是他逃去了东京。在东京他是黑户,语言也不通，只能做着最基础的体力工作，每天打三四份工。

"每天下班以后，电车停运了，只能沿着铁路走回自己的小房间，五个人挤着住，吃最差的便当。即使这样，他也不愿意回家。因为当时在东京一天的收入有七百块，相当于国内七个月的收入。

"他留下来只有一个理由，就是希望孩子受最好的教育。十五年来，他的孩子考上了初中，去美国大学自费读书，成为一名医学博士。

"在日本打工的十五年里，他只分别见过妻儿一面。一次是女儿去美国读书，在日本转机。因为爸爸是黑户，他们只能在机场一站地以外的地铁站见面。一次是妻子去看女儿，在东京停留了四十六小时，他带她在东京玩了一圈。后来，女儿在美国稳定了，他的任务结束了，他回到上海，买了房子。"

讲完这个故事，胖子感叹道：

"他们那一代人，一些骨子里的东西和我们不一样，那种艰苦奋斗的韧劲儿，那种为孩子努力，省吃俭用，牺牲自己的信念，在今天看来似乎有点遥远。但我想做一个假设，假设你就是他女儿的同学，看到她家里不断地寄钱过来，供她自费出去读书，最后成为医学博士。而你则一辈子都追不上，你会觉得命运不公吗？"

小明想了几秒钟，说："我不会，这是她父亲一辈子的付出，是父亲给她的礼物。"

胖子继续追问："但她能有这么个父亲，纯粹是个偶然。她也有可能降生在一个贫困家庭，甚至连书都没法读，早早就嫁人生孩子。也有可能她就是长在一个小镇，要靠自己去大城市找自己的一种可能。你觉得，命运公平吗？"

小明被一种强烈的感受击中，但不知道该怎么表达。他仿佛看到一条长长的因缘链条，把每个人都连接起来，送到此刻，通向未来。而这个链条之下，有着社会、时代的巨力摇晃。每个人的此时此刻，都是好几代人因缘际会的结果，这偶然和必然搅和在一起，主观和客观连成一片，根本分不清——个人的力量，在这种背景下，微不足道。

杰哥的一切，是不是也是他大学教授父母、时代和他自己的各种因缘呢？说不清楚，但不嫉恨。一种宏大的玄妙感涌了上来。

小明转过头去看胖子，眼里没有了愤怒。知道小明理解了，胖子才呼出长长一口烟雾，看向远方：

"别人总说，人生是场马拉松，只要你慢慢跑，就会赢过很多人。但这些年，我看得越来越真切，很多人是你一生跑马拉松都追不上的。

"其实比起马拉松，人生更像操场跑圈，没有终点，也没有起点。你看到有人超过了你，也许他刚刚下场，精力充沛；也许他基因好，祖上几辈子都是运动员，还训练了十年，这就能证明你差吗？你看到有人跑得比你慢，也不能证明些什么，可能别人正在跑十公里的最后一圈。**明知道世界不公平，还和别人相比，是一种永无宁日、绝无胜算的自我恐怖主义。**"

"那为什么还要跑呢？坐下来，躺着看看野花，不也很好吗？"

"因为**和自己比，更好玩啊！如果只和自己比，人生就是公平的**。只要不断地行动，你就是在往前走，你的力量在提高，你的里程数在变多，你的脚步在变稳定，你变得比你刚开始跑的时候更好。

"你看，**发展（Develop）这个词，不仅仅表示'变得更好'，还有'开发'的意思。发展不一定要比别人过得更好，甚至不是做更好的自己——而是开发出更喜欢的自己。**如果你喜欢安逸，就踏踏实实回老家，娶妻生子，绿水青山，小城市更加滋润。如果你想再看看更大的世界，就往前冲冲，和喜欢的人，做自己享受的事。"

"那你是支持年轻人躺平吗？"

"躺平没什么不好的。能够好好地、安心地躺平，休息一阵，也是一件美好的事。怕就怕一边躺着，还总起身看别人跑——这哪里是躺平，这是仰卧起坐！你说累不累！如果你不准备活成他们的样子，你又何必管他们怎么过日子呢？"

"不对，我差点被你洗脑了。"小明那股劲又上来了，"胖子，这个社会就是有问题啊，有人能贪老百姓几个亿，有人做昧良心的生意赚大钱，有人就连过年回家的工钱都被拖欠；有人的目标是轻松赚几个亿，有人就连书都没机会读。你觉得这正常吗？不应该发声吗？如果大家都对这些事视而不见，觉得管好自己就好，社会会变好吗？"

小明的话掷地有声。

"这个社会当然有问题，"胖子说，"而且问题很大！不过怎么能变好呢？这个问题太大了，大到我们只能站着骂街，这有变化吗？"胖子也有些激动。

"不会有，你只会让自己更糟。那该怎么办？你别忘了，你也是社会的一分子。你过得怎样，你怎么对别人，这是你最能把握的。

"你活好了，至少先把自己稳住，让自己的家人过好。你做了个管理者，或自己创业，就能照顾好你的团队不受压榨。如果每个人都这么做，世界就会变得越来越好，这是不是一条最务实的路呢？"

说着，胖子把视线从远处拉回来，"既然现在你已经在操场，正在跑步，就别把眼睛交给躺平的人，交给别人，而要把眼睛交给自己，交给前面的路。"

小明想起天桥下的马路，车流熙熙攘攘，一刻不停，一些为名，一些为利。他对自己说，其实不管怎么跑，前面都总会有车的。此刻更重要的，是走好自己的路——为了谁，去哪里，和谁在一起。

胖子掐灭了烟头，对小明说：

"对了，你不是找不到什么新行业的好机会吗？我教你一招，要不要试试看？而且我保证，一旦你领悟了这招，你会做得比一般人更好，因为你有这个天赋。"

真的？小明来了精神。

10

停止找工作，开始卖自己

回到咖啡馆坐下，胖子又兴奋起来：

"你知道，大部分人求职犯的最大的错误是什么吗？就是找工作的'找'字。你是不是填了一份标准简历，然后搜索职位，接着把简历投递到所有招聘信箱里，等着别人给你打电话？"

"对啊，不是所有人都这样吗？"

"当然不是。当你想着'找'工作，目标就是'找到'，关注点就自然变成了'好工作在哪'，然后投出去，能做的就只能等了。过去环境好，可能是有效的。但这几年，职位越来越少，这种方法就行不通了。'找'看上去是主动的，但除了投递，还是在被动等待。你从 HR 角度想想，每天收到几百份简历，你还是跨行的，能挑到你，这概率得有多低啊。

"但，如果换个思路，改成'卖自己'，思路一下就打开了。你得把自己卖出去，你得知道客户在哪，他们是谁，他们要什么。你还要思考自己有什么优势，这些优势怎么让别人一眼能识别，能看懂。那你能做的事情就太多了，你的竞争维度也就打开了。而你也成了绝对主动的人。"

"对啊！"小明一拍桌子，"胖子，这就是我这个行业正在发生的变化！过去做营销，只要在最大的媒体上打广告，文案有趣，吸引眼球，把信息告诉大家就行。而现在，流量分散了，不同人有不同的需求，所以就需要精准的数据营销，知道客户在哪，要用户调研，知道这些人想要什么，怎么用他们能理解的话，展现产品的优势。这就是我天天在干的事啊！"

小明兴奋极了，他最大的困境，居然是自己最擅长的事。

"所以我说，你比其他人更有天赋。你只需要转换一下思维，把'找工作'，变成'卖自己'，接下来估计你就一通百通了。和你做市场策划一样，先要摸市场，找到精准客群，理解需求，然后针对他们包装自己。"

"听起来简单，具体该怎么做呢？"

"这个要从产业链入手。"胖子用手指比画出一条直线。

"首先，要知道不同行业大概是做什么的，它们和上下游是什么关系。比如说你想去的医疗健康，就包括几种不同药物：有化学药比如维生素，生物药比如疫苗，中药比如中药材，还有保健品、医疗器材等。要制作这些药，需要有原料提供商，这就叫'上游'。医药的上游就有化学原料、微生物培养、中草药种植，做医疗器材的化工、钢铁、电子芯片。这些药要卖出去，这就叫'下游'，这里有卖药的零售药店，有批发的医院，还有体检、医美这些保健服务商。

"你现在想去做营销的话，上游基本都是大客户销售，大宗交易，中游主要卖给医院和药店，还有保健机构，要一家家跑。下游更多都是卖给老百姓，主要靠做品牌和营销，由医院和药店推荐给病人。

"这么一说，是不是整个行业就挺清晰的，你也马上知道各种公司工作的大概框架了。"

"还真是。但这些东西，你都是上哪里知道的呢？我们公司做调研都要花蛮长时间才能找到。"

"现在网络很发达，你只需要搜'××产业链'，就能找到了。很多专业职业规划公司，还有自己更详细的数据库。"胖子说，"你找到一个行业，再搜索'头部企业'，自然会出现这个领域做得最好的公司。这些公司，就是你的重要目标。"

说干就干，小明掏出手机，搜索关键词，很快就找到了新能源汽车的产业链和头部公司。

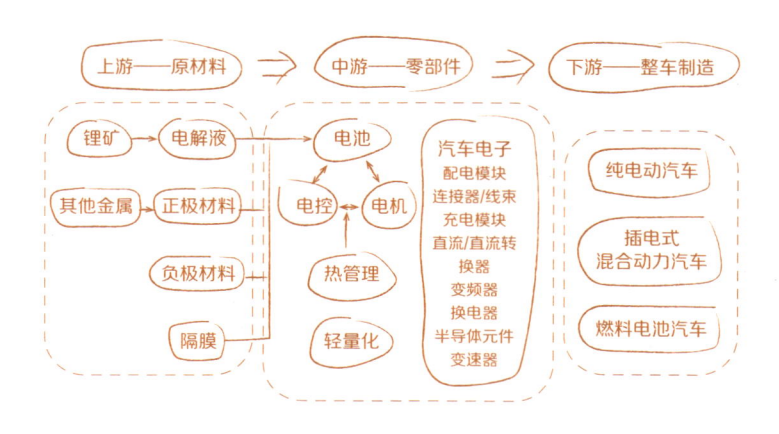

```
上游——原材料  →  中游——零部件  →  下游——整车制造

锂矿→电解液      电池        汽车电子        纯电动汽车
其他金属→正极材料  电控↔电机    配电模块
                              连接器/线束    插电式
                              充电模块       混合动力汽车
负极材料          热管理       直流/直流转换器
                              变频器         燃料电池汽车
隔膜             轻量化       换电器
                              半导体元件
                              变速器
```

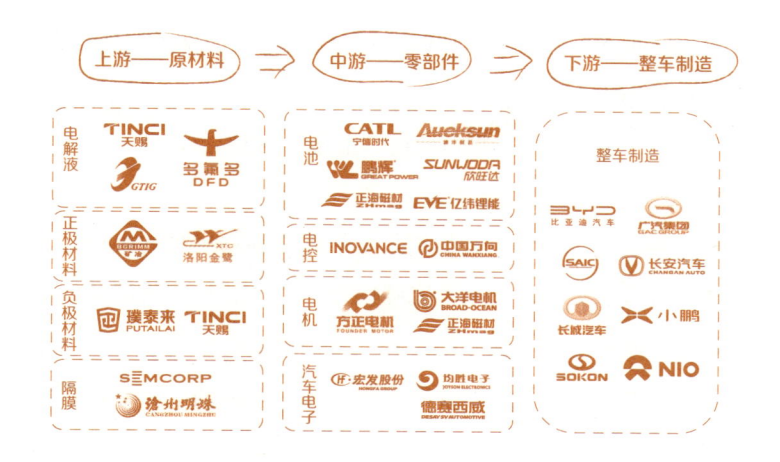

上游——原材料	中游——零部件	下游——整车制造
电解液：TINCI 天赐、多氟多 DFD、GTIG	电池：CATL 宁德时代、Aueksun、鹏辉 GREAT POWER、SUNWODA 欣旺达、正海磁材 ZHmag、EVE 亿纬锂能	整车制造：BYD 比亚迪汽车、广汽集团 GAC GROUP、SAIC、长安汽车 CHANGAN AUTO、长城汽车、小鹏、SOKON、NIO
正极材料：GRIRM 矿冶、洛阳金堂 XTC	电控：INOVANCE、中国万向 CHINA WANXIANG	
负极材料：璞泰来 PUTAILAI、TINCI 天赐	电机：大洋电机 BROAD-OCEAN、方正电机 FOUNDER MOTOR、正海磁材 ZHmag	
隔膜：SEMCORP、沧州明珠 CANGZHOU MINGZHU	汽车电子：宏发股份 HONGFA GROUP、均胜电子 JOYSON ELECTRONICS、德赛西威 DESAY SV AUTOMOTIVE	

哇，原来一台新能源车，是这么造出来的：电池的原材料生成，已经细分到让人吃惊的地步——电池的正极材料和负极材料，居然是两个不同的行业，各自有不同的头部公司。然后是中游的零部件生产，三电（电池、电机、电控）是关键要素，接着是电子部件。最后才汇聚到整车制造，车辆的设计、一体成型的车身、智能驾驶座舱，以及把这些车销售出去的各种经销商、展厅。大型的上市公司，主要集中在下游和中游。

"胖子，这种上帝视角太爽了！"小明忍不住惊叹。

他再一次有了当时看到行业、企业、职位坐标的鸟瞰感。以往这些事情做营销策划的时候也会做，就是个流程，并不觉得和自己有什么联系。今天自己要为自己找新出路，才发现指南针早就在手上。

一年多以后，他加入一个读书会，听到主理人说，读书要**"以自己为中心，以问题为导向，以改变为终点"**，他才理解了此刻的打通感——原来，知识只有和自己的切身问题连接到一起，才是真的。

现在，小明这个俯瞰行业的"上帝"，把视角投向了宠物经济行业，这个行业也生态丰富。

上游是宠物繁殖、宠物饲料生产还有猫狗用具的生产，下游最大的两个板块，一个是宠物医疗，一个是给宠物洗澡。主要的上市公司，集中在宠物饲料上。小明最近刷到了很多"年轻人春节上门喂宠物，五天收入上万元"的新闻，一个自媒体博主还鼓吹说，这是个巨大的市场。他蠢蠢欲动，恨不得立马辞职自己也去做。但从这个产业链布局来看，那是最下游产业中最小众、最没竞争力的板块，宠物医院可能顺带手就把这件事给干了。

胖子对小明的发现很满意。"嘿嘿，你学会看这个，对那些网上瞎吹的自媒体就免疫了。狗咬人不是新闻，但人咬狗是。如果你听他们的，做个防止人咬狗的工作，那就死翘翘了。"

"那我接下来要怎么做呢？是直接投递给那些头部公司吗？"

"哪有那么快！你找到客户，也不会开口就卖吧。你得回去研究一下他们的需要，再好好备货。研究的对象，就是大公司的职位。前面说过，我们新入行，不一定能进入大公司。但大公司的职位描述，往往也是行业的标杆，招聘启事就是这些典型客户的需要。你去招聘网站找，鱼龙混杂，但直接去他们的官网，往往会有招聘信息。"

小明搜索了一下一家整车公司的名字,很快在官网的右上方,看到"加入我们",选择"社招—市场",对应的岗位、薪酬就都出现了。

"就是这儿,候选人需要具备什么能力和经验,多看几家,也就大概齐了。小公司的要求会相对降低一点。你不是挑了几个行业吗?回去看看这些感兴趣的行业的核心岗位,大概就知道自己想干啥了。"

"对啊,看产业链地图,只觉得哪里都好,不知道怎么选。但看看这些具体的职位和要求,就很有感觉。"小明感叹。

"有感觉就对了!**小事走脑,大事靠心**。"胖子拍拍自己胸脯——心感受到没有不知道,肥肉肯定是感受到了,四处荡漾。

"做这件事的同时,记得把感兴趣的职位招聘信息里的专业词提炼出来。因为那就是……"

"那就是客户的语言!"小明抢着说,这是他主场了。

"我们做调研的时候,会做一个叫焦点小组访谈的东西,邀请很多目标客户,在会议室接受主持人访谈,全程录音录像。观察员则会抓取他们的话,洞察他们的回答里潜藏的欲望或恐惧,这些背后就是购买动机。在日后的广告里,这些词会频繁使用,让客户一听就懂。"

"对的,这些职位描述,就是目标行业的客户语言。收集这些语言,面对新行业,你就是最靓的仔。"

"那再然后呢?做完用户分析,是不是该包装产品了?那又该怎么做?"小明有点开悟了。

"不告诉你,"胖子一脸的坏笑,"你还没有做呢。想都是问题,做才是答案。做了自然就明白了。现在你说你懂了,其实一做就麻爪。先干起来。"

胖子说着伸出右手,四指伸直,大拇指向上,做了一个向前切的动作:

"知道这是什么意思吗?这是一个骑士的手势,叫GOGO-GO。

"骑行的时候,会遇到特别多完全想不到的事,地图错了、路断了、计划有变……这个时候,不要停下来发愁,先走起来,走着走着就顺啦。

"咦,对了,你还没有喝咖啡呢。走走走,搞杯咖啡喝去。"

这时有人推门进来,胖子赶紧迎了上去:

"这位贵宾,打折卡请出示一下——"回身对小明比了那个手势,"GOGOGO!"

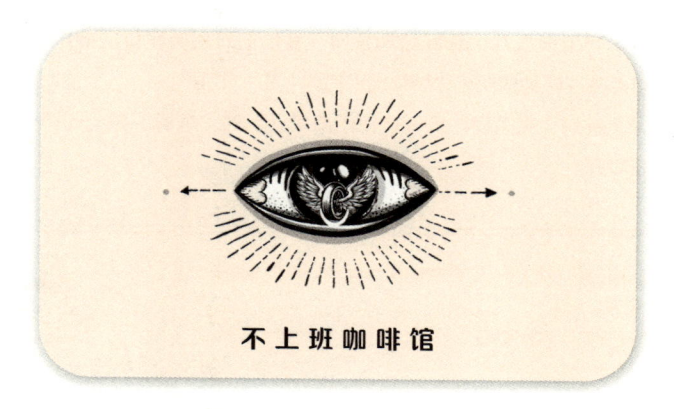

不上班咖啡馆

觉醒卡·求职加速

* 命运就是不公平的,但和自己比,很公平。
* 世界就是不够好的,从自身开始,先过好自己,有余力照顾好别人,就是改变世界之路。
* 不要"找工作",而是要"卖自己"。
* 研究产业链,了解产业上下游分工,会打开行业上帝视角。
* 调研头部公司的招聘内容,能知道入行要求。
* 以自己为中心,以问题为导向,以成果为终点。
* 小事走脑,大事走心,人生重要决策上,感觉很重要。
* 想都是问题,做才是答案。

GOGOGO

（1）转型前去几个头部公司官网，看他们对招聘职位的要求，重点关注两种词——"高频出现的词"和"术语"。

（2）针对"高频词"梳理自己的简历，针对"术语"做一些调查研究。

1. 完成上述任意一项任务，可免费获得"可以不上班"咖啡一杯。有效期15天。
2. 店主胖子拥有一切解释权。

11

大城市的床,还是小城市的房?

接下来几天,小明又看了几个行业的产业链图,最后决定入行新能源汽车。小明依法找到了很多公司的招聘信息,也逐渐理解了很多行业黑话:三电工程师、轻量化设计、模拟芯片设计、刀片式电池、MBD 建模……这些对他不再晦涩了。他本来以为这会花很久的时间,其实现在 AI 很方便,只要问对了问题,答案很快会出来,一直问下去,知识学习变得前所未有的容易。只要愿意,三四天的学习,入行足够了。

这几年,这个行业老厂商盘踞,新势力崛起,技术逐渐成熟,正是从拼产品到开始拼营销的阶段。这个过程里,品牌策划、渠道管理、新媒体营销、数据分析、活动策划的需求也很大,小明希望满满。

他也学习了一些求职技巧的课。其中有一个技巧让他印象深刻——**在你的简历的这四个地方增加相关行业关键词:自我描述、项目经验、实习培训、工作描述——让别人一眼看出你合适。**

比如说,自我描述里,就可以增加"对于新能源汽车的新媒体感兴趣";而工作描述里,则应该重点强调可迁移的能力,如"参与品牌策划、渠道管理设计、为客户做数据分析并汇报成果";项目经历里,给一家跨国汽车公司做品牌策划的经历,被他放到了最前面。

这些其实都是小明日常帮人打磨商品页的功夫——他知道,什么都写就什么都卖不出去。重点信息要少而精,要前置。

但有一个地方他很谨慎,就是简历可以包装——放大闪光点,可以略去不重要的,但绝不能说谎。没有的可以不写,可以主动学,这只是时间问题。而一旦被发现简历信息是虚假的,面试时一问三不知,就是诚信问题,用人单位会马上停止招聘。

不知不觉,距离春节只有一周了,疫情两年,小明还是第一次回家过年。坐在回去的飞机上,小明想好了,回家先好好休息几天,拿完年终奖,正好能赶上金三银四招聘季。

到家已经下午四点多了。妈妈开门,帮他卸下背包,放到里屋。靠近的时候,小明突然发现,妈妈原来只在鬓角才有的白发,现在已经爬满了头,她肉眼可见地老了。

"爸!"小明喊,"我爸呢?"

"你爸不在家,要住几天院。"

"什么病啊!为什么不早点说?我可以提前回来啊!在哪儿?我去看看。"小明鞋也不想换了,就要穿上走。难怪这几周,他微信视频都找不到爸爸,只能用语音对话。

妈妈递过拖鞋:"不着急,不着急,不是什么大事。儿子啊,人年纪大了,身体总会出点毛病。你先吃饭,一会儿给你爸送饭去。"

爸爸这次是轻微的脑堵塞,睡一觉起来,手抬不起来了,好在妈妈及时发现,把他送到医院,疏通了血管,已经没什么大碍了。但是他血液黏稠,以后要终身服药。看到儿子回来,他脸都笑开了花,赶紧叫小明坐到身边。小明抱怨着为什么不第一时间叫他回来,爸爸说:"你好好忙工作,别担心家里。"

离开医院的时候,爸爸的老同事周叔叔叫住了他,把他拉到拐角处。

"周叔叔是看着你长大的,和你说个事,你要放在心上。"
小明点点头。

"你长远是怎么打算的啊,有没有考虑过回来啊?这几年,我和你爸在一起,商量最多的,就是你的事。他想在退休前,趁着还有点关系,给你安排个体制内的工作,让你回老家来工作。北京是好,繁华,热闹,机会多。但你看过了,闯过了,也可以了。那边压力大、消费高,家里也没法给你买房子。你们家就你一个儿子,父母年纪也大了,最后还是要回来的。"

周叔叔看了一眼病房的方向,压低声音说:"你爸是个好人啊。工作踏踏实实的,能力很强,就是不会来事,所以干了一辈子基层公务员。"他顿了一顿,拍了拍小明的肩膀,"他总说,这一辈子没有什么成就,唯一的成就,就是种了一棵树,树上结了个果子,就是你。"

说完,周叔叔转身进去了。

晚上,小明躺在床上,失眠了。小时候,他每天都觉得起床好难啊；长大了，才发现睡着更难。枕头和被子散发着熟悉的味道，不管外面有多大的风浪，只要一回到家，一闻到这种味道，他的心就会安静下来。小明是在他四年级时住进这个房子的，从那时候起，小明就睡在这张小床上，一直到读大学离家。

他不在家的日子里，父母一直把房间保持成原样。墙上还有当年买的科比的海报，桌上摆着高中时买的火影忍者和变形金刚手办，因为经常被擦拭，鲜亮如初。

小明想起白天看到妈妈的白发，想起爸爸说的，一辈子只种了一棵树，果子就是自己。他的眼睛里泛出泪珠，心想，爸爸妈妈很爱我，他们老了，很需要我，也许，我真的应该回家。

但他太熟悉这个城市了。别说什么新行业，就算小明熟悉的营销策划、品牌管理的工作，在这个城市也找不到。做调研的时候，他也顺道搜索了这里的职位，来来回回，只有销售。难道跟同学一样进体制内？但想起那种一眼能看到头的工作，他又实在没法接受。

我不想要这样的生活。

我该怎么办？

过年那天，爸爸出院，全家人在一起吃了顿温馨的团圆饭。年初四，小明就借口说工作忙，不好买票，匆匆赶了回去，他想见胖子一面。

自古忠孝难两全，大城市的床还是小城市的房？

胖子，如果是你，你会怎么办？

12

选城市：一线学习，二线发展，三线安居

没想到大年初五的晚上，慵懒的胖子，竟然把店开了。春假期间的 CBD，一个客人都没有，咖啡馆似乎专门在等他来。

小明把自己行业调研、整理简历的事都和胖子说了，最后也说了爸爸住院的事。"我是不是应该回老家，这样才算孝顺呢？"

"孝顺是应该的。不过要选择最有效的方式。我来帮你算个命吧。"胖子说。

"你？还会算命？"

"我说的算命，是计算寿命。人生是有一定规律的。你有没有想过，你父母什么时候最需要照顾？你爸估计 55 左右，你工作 5 年，应该也是 27、28 了。

"60 到 70 岁是叔叔阿姨的**精力期**，这个阶段，他们身体很好，他们会出去旅游，完成些年轻时候的梦想，做些一直想做但之前没空做的事。如果家里需要，很多人会帮着带带孩子。

"70到80岁，叫**维持期**，这个阶段，叔叔阿姨的身体会开始逐渐衰老，重要的是维持身体精力。这个时候他们没法干重活了，身体也规律性地出毛病，这时最重要的任务是帮他们重新装修一下房子，或者搬到更加舒适、有医疗条件的地方去。对了，这个时候在老家，多交几个医生朋友。

"80到90岁，是**衰老期**，这个时候他们的生理和心理状况都下降得很快。他们需要有家人的陪伴，有足够好的医疗和居住条件，这非常重要。你算算，你父亲从75到85岁这10年，你多大？"

这个命算得好残酷啊，小明从来不敢想父母有一天会离开这件事。但他知道这是必要的。他算了一下，自己大概48到58岁。

"对，你在48到58岁的时候，这才是你的父母最需要你的时候。这时候你还要照顾家庭，假设你两年后结婚，再两年后生娃，孩子正好16岁，正面临高考。这些都需要你有足够多的时间和心力、财力、物力来照顾。

"我想问你，到时候你凭什么来照顾好他们呢？这需要你有强大的自己。这恰好是未来20年，你最应该做的事——让自己发展起来。"胖子又补了一句，"当然，前提是现在你爸妈没大病，不需要你每天在身边照顾。"

小明从来没有这么想过。

他问自己，我现在放弃自己的发展，回老家去陪着父母，到底是我在孝顺他们，还是住在家让他们照顾我？如果我现在就回去做不喜欢的事情，我在 40 多岁的时候，真的会不后悔吗？

"人生有规律，而职业的发展也有一定规律。20 到 30 岁，主要在职业里找自己，选择长远发展方向；30 到 40 岁，则是在专业和管理上深度发展；40 到 50 岁，需要稳固住自己的位置；50 到 60 岁，寻找自己的第二座山，寻找人生意义。

"当然，这都是数字和概率，人不能完全靠概率和理念活着，真实的人生才重要。"

"那你，你会怎么选呢？"小明问。

"哼哼，我怎么选都是我的选择，不是你的。"胖子转过话题，"我们还是聊你的话题吧。就好像你去思考行业一样，我们先不着急聊选择，可以先研究一下选项。"说着，胖子在餐巾纸上，画了一个双向箭头，然后在箭头的一边写上"大城市"，另一边写上"小城市"。

"我们玩个游戏，我说大城市的一个特点，你说小城市的一个特点。如何？最后谁拉出的维度多，谁就赢。"

"好啊！有趣。"

胖子说："我先开始啦！"

"大城市机会多、收入高、消费高。"

"小城市机会少、收入低、消费低。"

"大城市商业导向，比较公平，是个职场。"

"小城市资源导向，看重人际，是个……官场。"

……

一番讨论后,箭头下密密麻麻地列了很多描述,竟形成了表格:

	大城市	小城市
发展机会	机会多	机会少
消费	收入高,消费也高,自己住房,收入可支配少	收入相对低,消费也低,可住家里,收入可支配多
优势工作	好工作常在大型公司、外企、高精尖小公司	好工作是公务员、银行编制岗位等 多是国企或事业单位
职场文化	陌生人社会、商业文化、结果导向	熟人社会、关系文化、人情导向
家庭工作平衡	离家远,难以平衡生活	离家近,可以照顾父母
文化环境	文化多元、包容、创新	文化单一、保守,也更稳定
公共设施	公众设施完备,教育与医疗条件好	教育与医疗资源相对匮乏

这些维度越来越清晰,小明的思绪也慢慢清晰起来,此刻他最看重的是"发展机会""文化环境"和"优势工作"。但"家庭工作平衡",是他很重要的一个底线,如果父母亲有一天意外需要照顾,他会毫不犹豫地回到小城市。

胖子很认同他的想法。

"**做选择的原则是：先看选项，再看选择。此外，还有一个原则也很重要：就是选择有更多'选择权'的那个。**"

"什么叫作选择权呢？"小明问。

"就是自由度更大的，比如说，选了A，以后能退回到B，但是选了B不能选A了，那A的选择权就更大。选择权更大，意味着你更自由。"胖子说。

"所以，如果我一定要做公务员，33岁之前，我还是可以去大城市，因为我随时还回得去。但到了33岁那年，我必须做一个选择——要不要回去考试，因为现在35岁以后，就没有考公务员的资格了，我就失去选择权了，是不是？"

胖子点头："每个阶段，人要的东西不同。比如你提到，父母突然得病，你一定会回去。一家人在一起，什么都好说。这就是最大限度保护自己的人生选择权。"

小明心里已经有了定见，他决定自己在大城市试试看。他也想告诉爸妈和周叔叔这个过程，让他们理解自己。想到这里，小明叹了一口气，说："就没有能两全的办法吗？"

"嘿，你别说，还真的有。"

这个死胖子，为什么不早说！

"哈哈，我也是才想到。在我们二十多岁时，这个问题真的无解。不过这些年，网络越来越发达，很多工作都能线上完成，产业中心也越来越分散，而且，高铁更发达了，围绕大城市形成了铁路网。京津冀、长三角、珠三角都有高铁网。你看上海周边的城市，杭州、苏州、南通、无锡都是一小时就能到。这就有可能出现一种新的工作生活平衡的方式，叫'在一线学习，在二线发展，在三线安居'。"

是的，我们公司的史姐，就是在北京上班，天津买房子，每天城际地铁上班。小明想。

"我有一个深圳的朋友，年轻时在华强北做手机，房子租在附近，上班方便。后来自己创业，为了降低成本，总部在东莞。最近，他在惠州西湖边买了一个小平层，把父母接过来住。这样他每天坐一小时高铁到深圳接洽业务，再去东莞巡视公司，晚上回家住。"

一小时跨城上班，小明吐吐舌头，这和自己在北京通勤好像也没啥区别。"在一线学习，在二线发展，在三线安居"的策略，在今天的互联网和高铁时代，也是个好选择。

胖子说："你找新工作的时候，别光盯着北上广深，如果有离家近的二线城市，是不是也是个好机会？"

13

第四句行动咒语

今天是小明在北京的最后一天,小明收拾完行李,想和胖子告个别。

过去半年,每当他端起咖啡,总会想起胖子给他冲第一杯咖啡的那个夜晚,因为下班路上追着喂一只野猫,抬头看见了不上班咖啡馆。小明想起他和胖子的对话:

"咖啡馆的名字怪好玩的。为什么现在才开门啊,你们主要是做餐食吗?"

"不,我主要卖咖啡。因为下班后,才是打工人最清醒的时刻。"胖子眨眨眼。

小明还记得胖子的那个GOGOGO的手势,以及他讲的几句话,胖子把它们称为"行动咒语"。每次小明自己动不起来,他就对自己"念咒":

要追不要逃。

别把眼睛交给别人，交给自己和眼前的路。

想都是问题，做才是答案。

过去这半年发生了什么呢？

根据觉醒卡的建议，小明研究了大部分的新能源汽车公司的招聘信息，搜集了招聘要求，开始订阅和关注这个行业的新闻，时常点开每个公司主页和公众号，去每个门店感受不同的车型和服务，观察各种买车的人，逐渐对于不同的人要什么车有了感觉。

10月份的时候，他请了一天假，参加了行业展会。也就是在那里，一个参展的经理告诉他，他原来是房地产销售，当年就是调研了这家公司的销售流程，写了一份调研报告和改进方案，面试时展示出来，才顺利完成转行。这是新入行者的超级加分项。小明准备也做一个。

有趣的是，他现在的工作也没那么烦了。他开始以一种跳出职位的角度看业务，在这个观察过程中，他知道自己和营销高手具体差在哪儿了，过去很多流程他只是熟悉，并不知道为什么，现在他要尽快理解吸收，还要带到新方向里去。另外，他的数据分析、活动策划能力都很弱，这是新行业里很需要的技能，为此他还报了个班恶补。他还缺点管理经验，于是在公司主动参与了几个项目，年底，他竟然带领小团队打了个漂亮的小胜仗。

就在老工作这条驴背上，他学会了所有未来的骑马技术。

有了自己的目标，难熬的工作也有趣起来。至少他不再觉得自己是个工具人——某种程度上，他反而觉得老板变成了"工具人"——实现自己目标的工具人。同事抱怨工作多收入少的时候，他只是笑而不答。

如果你不准备活成他们的样子，你又何必管他们怎么过日子呢？

不过钱还是挺紧的，年中领导主动给他提了15%的工资，但一个月下来，减去租房、生活、交际支出后所剩无几。他还花了些钱去学习，偶尔参加京城运营人的聚会，见见大神。

但他已经不再为钱发愁。我是在带薪学习呢——他觉得自己赚了。

一方面真的很忙，一方面也想憋个大招，小明就一直没找胖子。

一会儿告诉他，我准备离开北京，肯定会吓他胖子一跳。小明心想。

这个机缘，胖子你肯定没料到！

因为要小步快跑，不断探路，小明决定把自己的成长记录和调研心得写成文章发布到自己的公众号上。他的目的不是当网红，而是倒逼自己的输出，也想多认识些同行。他半年写了二十多篇原创文章，积累了两千多个粉丝。一开始粉丝都是自己的朋友，慢慢地，有这个行业的人加入进来，有了真实的行业探讨，公众号的内容也更扎实了。

直到有一天,一个网友发来一个招聘启事,是业内一家头部企业的岗位。

"感兴趣吗?我把你推给我们HR。"

"我……可以吗?"

"看过你写的文章,你没问题!"

小明递过去了自己改好的简历。

H公司是一家国际上著名的通信企业,合作的新能源车企总部设在重庆。两周内需要上岗,两年内,一个针对年轻人的新车型要上线,他们希望有创意的营销团队加入这个项目。

虽然很不舍得北京,但小明决定抓住这个机会。而且重庆到毕节只有四个多小时高铁,他可以常回家看看。一线城市学习,二线城市发展,三线城市安居。重庆是个不错的新天地。

小明尽快交接完自己的工作,临走的时候,老板极力挽留,说正准备升他为经理,让他带更大的团队。他婉言谢绝。收拾完东西,正好是下午五点,小明走向咖啡馆的那栋楼,想和胖子告个别。他突然发现,认识这么久,都还没加胖子的微信。

如果还没开门,就坐在门口等一会儿吧。

这次,是我独自做出的决定。一想到胖子听到这件事的吃惊表情,小明就忍不住乐。一会儿再帮他擦一次车,让他开心下——想到这里,他加快了脚步。

咖啡馆,不,在,了。

不是关门了,不是暂停营业、旺铺招租式的不在,而是物理上的不在——整个店面消失了。

原来咖啡馆的地方,墙面平平整整,落地玻璃窗干干净净,映出自己和背后的椅子。正是在这个长椅上,他回头,看到了在广告牌下抽烟的胖子。

咖啡馆呢?小明后退几步,看看四周,再次确定自己没走错地方。

他走进对面的一家便利店,问柜台后的年轻店员。

"你好,你知道对面那家咖啡馆吗,是关了吗?"

"哪家?"

"就你们正对面那家,叫不上班咖啡馆。一般晚上开门。"

"不知道。可能是以前有吧。我是去年才来上班的,没看见过。"

"不可能啊,我半年前还来过。"

小明摸出觉醒卡,指给他看LOGO,"你看,就是这个。"

店员有点不耐烦,"不知道。先生,你要买什么吗?"

小明退了出去。他看看手里的觉醒卡,翻过来,突然发现,不知道什么时候,后面的字又变了。

小子,看到这封信,我知道你已经上路了。只要上路,就不会失败的。

咖啡馆只有需要的人才看得见。要追不要逃,向前走,GOGOGO!

等你需要时，我们会再见面。

如果遇到难关，记得我教你的行动咒语：想都是问题，做才是答案。

隔天，去往重庆的高铁上，农田和城市在窗外飞逝而去。
小明看着窗上映出来的自己，在心里默默地说：
胖子，我有了一句新的行动咒语——
勇敢上路，世界会给你意想不到的回报。

在北京上班的只有两种人，一种在这城市里挖到了金子，一种在这里弄丢了自己。

我，小明，两种人都是，自从我喝了一杯让打工人醒来的咖啡。

胖子老板的咖啡手记

"理想主义花朵"咖啡:玛奇朵

玛奇朵(Espresso Macchiato):Macchiato 原为意大利语,是"印记、烙印"的意思。玛奇朵是在浓咖啡表面加上薄薄一层热奶泡以保持咖啡温度,咖啡师们在奶泡上作画,留下印记,所以玛奇朵是所有咖啡里最好看的。细腻香甜的奶泡很好入口,但往下喝,却是现实主义的浓烈苦涩。正如每个刚刚进入社会的人,美丽又苦涩的头几年。

这个名字来源于尼采的名言:"理想主义的花最终会盛开在浪漫主义的土壤里。我的热情永不会熄灭在现实的平凡之中。"

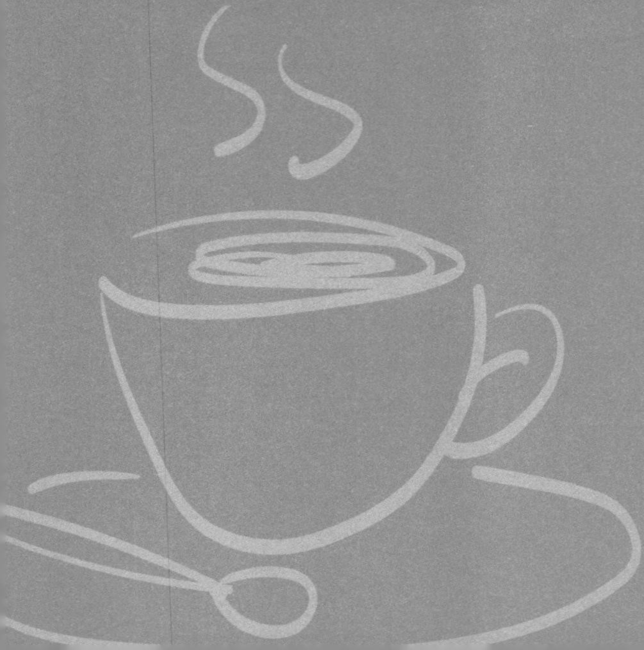

木子的故事：
从角色里醒来

01

全职妈妈的苦难

一切都在瞬间爆发。

我怎么会从一个职场白领,变成穿着拖鞋,站大街上,边哭边吃草莓的怨妇?

从超市回家的路上,有人在小区门口卖草莓。鲜红的果子,油油的绿叶,老板洒上了水,光照着很是好看。29.8元一盒,有点小贵,够娃一天的奶粉钱。木子走过几步,又回头忍不住买了两盒,她以前上班的时候,最爱吃草莓。

吃完晚饭收拾好家里,婆婆抱着孩子玩。木子随便套了件休闲服,拎上一盒草莓准备出门。婆婆赶上来问:"你这是要去哪儿啊?"

她拉开鞋柜,一边换鞋一边说:"请大家吃啊。小广场会碰见很多妈妈,大家带水果相互分享,我今天也带一点,总是吃别人的不好意思。"

婆婆的脸马上就拉下来："你花钱怎么总这么大手大脚啊！草莓那么贵，宝宝和我都舍不得多吃。你就不能把家里吃不完的橘子拿过去吗？再说，别人给你吃，你不要不就完事了吗？"

木子的头嗡的一声，似乎被电流打了一下，全身的毛都炸起来。电击之后，一种深深的委屈感从胃部涌上来锁紧喉头，眼泪不争气地流下来——她顾不得擦掉，此刻唯一的念头，是尽快离开。她迅速趿上拖鞋，提着袋子冲进电梯。婆婆对老公的抱怨还是听了个尾巴："你这个媳妇啊，真的不怎样，自己不赚钱，娇生惯养，大手大脚……"

刚出楼门，老赵的微信语音追过来，直接转文字——她现在听不得这人的声音。老赵果然还是和稀泥："你别生气哈，妈没什么恶意，她在农村生活惯了，比较节省。就说你几句，你别往心里去。"这比不说更可恨。

木子漫无目的地走着，聚会心思早就没了，自己也无处可去。现在晚上快七点，她拿起电话，约 May 见面。她们大学是一个专业的，过去交往不深。自从木子搬来北京，两人突然变成了无话不谈的好闺蜜。她就在附近的 CBD 工作，现在打车过去她正好下班。木子准备去商场随便买双鞋，再找个饭店，两个人正好叙叙旧。May 爽快地答应了。

刚上车，May 发来微信："亲爱的，对不起对不起！刚才想起来今晚还有个客户饭局，实在没空了，改天约好不好？说好了，我请客我请客，爱你哦。"木子连忙回复这个大忙人："你忙你忙，没事，下次约。"

大家都在忙，只有自己浑浑噩噩的。木子叹了一口气。但现在，木子不想回家，就还是去了CBD，四处乱逛。

晚上八九点，无家可归、无人可谈的木子，脚踏拖鞋，坐在CBD一角的长椅，自己吃了半盒草莓，终于忍不住大哭。

也就是在这个时候，她看见了"不上班咖啡馆"。

不上班很爽吗？那是她没做过全职妈妈！

我想上班！

上班时的木子，可不是这样的。

两年前，木子是一名室内设计师，建筑学硕士毕业，二十五岁入行，进了一所设计院工作。她赶上一个好时候，参与了许多设计项目，其中最著名的，是为一家五星级酒店设计顶层的观海行政酒廊。她把北欧的简约风和中国壁画元素结合起来，配合面朝外滩的全景落地窗，酒廊很快变成了火爆的网红打卡地。也因为这个项目，刚入行四年的木子渐渐有了点名气，前途大好。

那时的设计师木子，着一袭白衣，身披卡其色风衣，脚踩细巧的高跟鞋。一双灵动的眼睛，妆容淡雅，眼线勾出灵气，耳边的小珍珠煞是可爱。讲提案的时候她往屏幕前一站，举手投足间，专业又亲切，本身就是一道风景。

后来，她认识了老公志辉，婚后搬到了他所在的城市北京。木子三十一岁时，这个甜蜜的家庭有了一个女儿，起名佳一。佳一，佳一，代表着幸福的二人世界增加了一个小宝贝。木子的妊娠反应很厉害，设计师又常接触装修屋的油漆，加上志辉收入也不错，她就辞职，在家全职带娃。谁想到，这就是噩梦的开始。

回想过去上班的日子，木子觉得那才是解脱。想着想着，木子发现自己已经不知道什么时候，走进了咖啡馆，坐在柜台前，双眼红肿，拖鞋踩在柜台下面的铁管上，翻着菜单选咖啡。咖啡馆里，刘若英正在唱《后来》："后来，我总算学会了，如何去爱……"这是她唱K必点的歌，现在听起来，竟然还挺应景。

店里没有几个人，咖啡馆老板是个胖子，身穿牛仔工装背带裤，白T打底，头戴鸭舌帽，下面有双孩子般的眼睛。看见她这个样子，他似乎并不觉得奇怪，只是点点头说："来啦。"随手递过一杯水，还有几张纸巾。"喝点啥，慢慢看。"

过一会儿，见木子没点单，胖子在咖啡机后捣鼓一阵，端上来一杯奶香四溢的热咖啡。

"我们有个规矩，第一次来的客人，第一杯免费。"看木子有点吃惊，他点头笑笑："这是低咖啡因的，妈妈也能喝。"

好奇怪，他怎么知道我是妈妈。

木子低头看看自己的造型，也难怪，这个邋遢样出街，不是全职妈妈是什么？

我这样可不是很体面——不过，我为什么非得体面呢？木子想。

趁没人注意，她用纸巾擦了擦红肿的眼睛，喝了一口咖啡。

香醇温热的液体下肚，木子空荡荡的心似乎暖了一些，心情也缓和一点。她这才意识到，自怀孕以来，自己再也没喝过咖啡。她冲着胖子点点头，努力挤出个微笑。

"看你心情有点糟啊，遇到什么难事了吗？"胖子一边收拾杯子，一边不经意地问。

"啊，没有，没事。"木子不想展开这个话题。

你怎么会懂全职妈妈的苦衷呢？木子想。

孩子生下来以后，木子很快发现，生孩子可不是加一个人的事，而是换了一种人生。

宝宝回家后前几周一直在哭，木子根本睡不了觉，满耳都是哀号。即使宝宝不哭，她也经常以为自己听到了哭声。好不容易哄宝宝睡着了，木子才能松一口气，但又害怕她醒来。每天晚上，木子还要起来喂三趟奶，只能睡几小时。即使困成这样，她经常也睡不着。很多夜晚，她焦虑不安，只能穿着睡衣在房间来回走动，没法在一个地方待太久。

人手不够，志辉把他妈妈接到家里，这个小小的两口之家，变成了三代四口人。老赵（不知道什么时候，木子对志辉的称呼变成"老赵"了）也感觉到了经济压力，他更加忙碌，回家越来越晚。怀孕的时候，木子简直是千人宠万人爱，妈妈和婆婆关怀备至，老赵也常和木子聊聊天，看看电影。但现在，婆婆眼里只有孩子，老赵深夜回到家，逗逗孩子，倒头就睡，夜里跟听不见孩子的哭声一样。而婆婆则变成了监工，对木子的每样工作都要说几句,每次购物都要问价钱。

二十四小时离不开人的宝宝,每天几小时的睡眠,婆婆全程监工,没有人可以说话……木子经常做一个梦,梦见自己被困在一个单人牢房,服一个无期徒刑的苦役,老赵、婆婆、朋友会偶尔从门口的小窗里看她,她想走过去呼喊,却脚下一紧,有个脚铐,另外一头连着自己的孩子。

不过这些事,木子说不出口,更不会对胖子说——一个陌生的男人,会懂什么呢?

胖子背对着她,继续擦杯子,开始说话,像自言自语,又好像在说给木子听:"看到门口那辆摩托车没有,那是我的车。遇到难过的事,没人能说,也没人能懂。我就会出门骑上我的车。我不知道要去哪里,也不知道什么时候停,我就一直开一直开,开着开着,心情就慢慢好起来。"

他举起手,比了一个骑车的手势:"对骑士来说,道路在倾听,你走多久,道路就会听多久。道路没有答案,只是静静倾听,但是有时候,行走本身就是答案。"

说着,他又指指四周。

"我之所以喜欢咖啡馆,也不是因为喜欢喝咖啡,而是喜欢听人说话。当放下咖啡杯,人们就开始说话,他们需要说话,他们沉重地走进这里,背着一堆的秘密,然后又轻松地走出去,留下了一堆沉甸甸的话。一个烦恼变成了半份烦恼,一份快乐变成了两份快乐,还有的时候说着说着,灵感就来了,突然就知道自己要去哪儿,要做啥,像骑行一样。对于他们来说,咖啡馆是内心的公路,说话是他们的引擎声。

"如果你愿意,我也是道路之一。我的确什么都帮不了,也很难体会你的处境,但我愿意一直认真听。"

沉默了大概三分钟,木子开始轻轻地说话。似乎她也没有要讲给谁听,而是自说自话。她开始讲她的故事,讲追寻的设计师梦想,讲婚后短暂的甜蜜,讲自己无期苦役的噩梦。讲着讲着,她明显觉得胃里面沉甸甸的感觉少了许多,思维也明显轻快了起来,偶尔讲到自己的难堪,还会笑起来。

讲话似乎比医生开的左洛复[1]还见效,木子想。

等老赵打来电话,她看一眼手机,不知不觉已经晚上十点了。

木子担心宝宝有事,接起电话,听到老赵着急地问:"你去哪里了?小区走了几圈都没找到。问谁都不知道你去干吗了。"老赵听到她在咖啡馆,问清了地址,要开车来接。

老赵来的时候还带了一件衣服。木子接过放在一边,问宝宝的情况,听到婆婆已经哄睡了,于是说:"我想再待一会儿,自己回去。"

老赵说:"算了,别和妈怄气了。她也是替我们省钱。我回去给你买草莓吃。"

说到草莓,那委屈一下子又冲了上来,她冲着老赵大喊:

---

[1] 左洛复:一种抗抑郁药。

"是草莓的事吗？我说了，你先回去，我一会儿自己回！"

老赵有点吃惊，他认识的木子温文尔雅，很少发这么大脾气，还是在外人面前。他看了一眼周围，觉得有点尴尬，咬了下牙，低声劝道："你不就是在家里带带孩子，做做家务吗？老人也帮忙，有什么扛不过去的？我在外面接待客户，还要伺候领导，两头都要哄，现在你还要我哄着，我容易吗我！明天要交个方案，我今晚还要加班搞……别闹了，迟不闹早不闹，偏偏这个时候闹。"说着说着，老赵语气有些不耐烦了。

木子听着，脸色越来越糟，听到个"闹"字，彻底爆发："你以为只有你辛苦你憋屈吗？我就不辛苦不憋屈吗？每天晚上起来四趟喂孩子，还每天被你妈数落，我累不累？老赵，敢不敢换一换？我要上班，挣得不比你少！"

说完，彻底转过身去，眼泪又不争气地流出来。

02

看不见的女人，困在隔音的家庭里

"这位先生……哦哦，老赵。"胖子冲上来打圆场，打破他们的僵局。

"老赵，你先别着急。喝杯咖啡，这杯送的。你先坐一会儿，木子有很多心事，你不知道，她正在给我说。你愿意听听吗？"

"你是谁？哪儿冒出来的？为什么打断我们说话！"老赵看着不知道哪里冒出来的胖子，心里很是反感。

"这是我朋友！能不能放尊重点！"木子想维护唯一听自己说话的新朋友。

老赵声调降了下来，只是喃喃自语："木子有什么心事我不知道的？"不过想到一会儿还要做方案，需要喝点咖啡，就接了过来。奇怪，这咖啡喝了几口，他的情绪也平复了。

胖子此刻却不再提心事，给老赵抛出一个问题："老赵，请教你一件事。木子说你事业很成功，下面管着好几十人，你一定很擅长管理吧。我有一个职位,能不能让你帮我看看,大概一个月要多少钱?"

"什么职位啊?"

"这个职位每周工作 77 小时,加班的时候,要到 105 小时。从早上七点到晚上九点,全年无休,没有年假。而且经常要上夜班。工作比较杂,有六摊工作来回切换,还是个基层岗位。我想知道,这种工作一年得开多少钱啊?"

咖啡馆也这么会剥削人了,老赵心想。"这工作强度,你就准备市面上两三倍工资吧。不过这要看市场上的稀缺度。要是门槛低,还能少一点。"

"特别稀缺,这工作只有她能干,也没有上升阶梯。"

"那就没办法了,你只能给到你能给的成本上限了。不过这种活儿,没人能干得长。"

胖子说:"但这就是木子现在的家务工作。"

老赵听着一怔,旁边的木子也意识到,这个话题就是在讨论她,忙转过身来听。

"英国的社会学家安·奥克利,一个女社会学家,她从自己亲身体验出发,感觉到女性家务工作被远远低估了,20 世纪 70 年代,她按照社会学的方法,把家庭主妇当成一个职位来研究。

"她访谈了很多主妇,最后得出一个结论——一个主妇平均每周的工作时间,是 77 小时。在带孩子的前几个月,是每周 105 小时,远超'996'的 72 个小时。这个工作每天从早上七点到晚上九点，没有周末和节假日，没法请年假。

"同时，她发现主妇工作虽然被统称为'家务'，但这里面其实包括了六种工作，分别是清洁、购物、做饭、洗碗、洗衣、照顾孩子。这六种工作里，清洁、做饭、洗碗、洗衣周而复始，身体最累；购物相对来说最轻松，因为是消费，而且能出去透透气，见见人，比较愉快；带孩子精神压力最大，尤其是新手妈妈，神经一直紧绷，不知道会发生什么事，是一种精神的苦役。"

原来天下的女人，境遇是一样的，五十多年前的英国主妇和今天的我，没有什么两样。木子对这个研究更好奇了。

"奥克利那个时候，电脑还没普及。今天，清洁、做饭、洗碗和洗衣，都有了机器协助，甚至外包。购物也不用出门，但其实人也更孤独了。不过带孩子的要求，在今天却前所未有地复杂。

"过去的主妇大多只需要基本保障孩子的生存，而今天的主妇还要关注孩子的身体健康、心理健康，还希望他们日后能成才，总之有很多发展的需要。"

木子听得频频点头，这个女社会学家，简直是她的"嘴替"。

"所以，家庭主妇——现在叫全职妈妈的工作，即使放到职场，这也是一份高强度、高负荷、高技能的工作。"胖子严肃地说。

"我知道她累，我也帮忙带娃的。"老赵既委屈又激动，"我除了工作时间，所有时间都在家里了，人就二十四小时，你还要我怎样？"

其实，我只是想你夸夸我，对我说声"辛苦了"。木子动了动嘴唇，还是没说出口。

"哈哈，奥克利的研究也包括丈夫们的参与。她的结论就是，男性基本不参与这个工作，默认都是女性做。因为他们不参与，所以完全不知道这些工作有多琐碎，也常常低估她们的价值。而他们自己认为分担的'带孩子'，其实也只是每天陪孩子玩十五分钟，最漫长和琐碎的部分，他们根本不知道。你也许会说，请个阿姨就好了。阿姨能外包一些家务，但孩子的陪伴、教育，都是没法外包的，却也是最有价值的。也许，木子只是想让你表示一下，她的劳累的价值。"胖子继续说。

"我当然知道当妈妈很累，但这就是社会分工啊。男主外，女主内，我出去打拼赚钱，女生天生就擅长操持家务和带娃，而且木子也是自愿的，她也很爱孩子，不是吗？"老赵额头开始冒汗，却还在做最后的挣扎。他说完这句话，转头看看木子，希望获得认同。

"不是！说出来，你可能不爱听，"胖子正色道，"奥克利调研了 47 个家庭，**没有一个家庭的女性说自己天生热爱家务，反而有七成女性说，自己的满意度很低。**当时一些心理学家还试图证明女性有一种'希望把事情收拾得一切井井有条'的神经质，这样就能证明女性天生适合家务，适合做细致、有条理的事，而男性适合做需要创意和勇气的事——这也很快被证明是一派胡言。

"根本不存在什么女性更擅长家务，喜欢带孩子。只不过是她们主动或者被迫做出牺牲罢了。所以，为什么一定是女性留在家里，男性出去赚钱呢？"

"照你这么说，难道我们应该都出去上班，雇个保姆在家带孩子，才叫公平吗？"志辉有些急了。

"那是你们家庭自己的安排，我只是想告诉你全职妈妈的工作价值。公平地说，男性的确也很辛苦，老赵，你独自挑起家里的经济重任，让木子安心带娃，这个是很不容易，很负责任的。但木子不是在摊手要钱。作为父亲，你本来就有义务承担一半的经济支出。再说，妈妈对于孩子的教育是无价的。所以，**如果真的把这份工作标上一个价格，以大部分男性收入，未必支付得起哦。如果你妈妈看到了这笔账，她也不会觉得木子就是摊手要钱，大手大脚。**"

老赵沉默了。

木子想起一件很伤心的事。一次家庭聚会的时候，老赵当众给孩子换了一条尿不湿，惹得所有亲戚朋友围观夸奖："爸爸真厉害，一看平时就没少干。"她平时把孩子照顾得那么好，为孩子做那么多事情，大家都觉得是理所当然的，甚至比不上爸爸换条纸内裤。那一瞬间，她觉得当妈毫无价值。

胖子继续说："而且，木子还付出了很多沉没成本，她放弃了设计师的职业发展，转型当妈妈，为家里省了很多钱。这笔钱有多少呢？联合国在 2018 年统计过一个数据，女性的家务和照顾工作，如果算成钱的话，能占到 GDP 的 10% 到 39%。中国占比是 18.6%、14 万亿元。这笔钱，是不是木子为家庭挣回来的呢？

"所以，奥克利把女性叫作'看不见的女人'，女性在家务中的付出、价值，都在社会中自动隐形了。她这样形容全职妈妈：'**看不见的女人，被困在隔音的家庭里，无声地工作。**'"

木子表面平静，心里却几乎要大喊出来，对对对！这就是我的感受！我的处境！！我的苦难！！！她眼里这时蓄满了泪水，不再是因为委屈，而是被深深地、深深地理解。

老赵在旁边看着木子的侧脸，不知不觉，她眼角已经有了鱼尾纹。他突然想起，当年第一次见到木子的时候，也是坐在这个角度看她的——那时他代表甲方出席，木子作为设计院的设计师，讲自己的设计方案。在那次方案会上，木子那种蓬勃的生命力，源源不绝的灵感，因专业带来的自信和稳定，随着一页页 PPT 流动，她像一个演奏家在指挥自己的音乐会。等方案讲完，木子突然又变成了小姑娘，她不好意思地左右看看，笑了笑，吐吐舌头，坐了下来。老赵就是在那个时候，爱上了她。那时的木子，浑身都在发光。怎么和自己在一起几年，憔悴成这个样子了？她实在为家庭承担了很多，牺牲了很多，想到这里，他心软了，语气也温柔起来。

"我可以来多做一些。"老赵柔声道,"我可以早些回来,可去可不去的局,我就推掉,早点回家。妈妈的事我们再商量商量,如果实在相处不来,我们就生活上再挤挤,看能不能请个日间阿姨。"

"老赵觉悟挺高啊。"胖子冲着老赵竖了竖大拇指,"看来奥克利是对的,她说**当看不见的女人被看见,就会有更多人醒来。**所以她写了一本叫《看不见的女人》的书。"

他又转向木子说:"你见过那种单面镜吗?就是电视剧里警察局常用的那种——从外面看着像镜子,但是当房间里的灯打开,从外面就能看到房间里面。人们无法相互理解,因为他们以为自己在看别人,其实看的是单面镜中的自己。老赵不是坏人,他只是活在自己的单面镜世界,从来没有看清你的真实处境。但当你房间的灯点亮,他就能正视你的房间,也就能理解你身上发生的一切。"

木子看看老赵,这些年,这个当年的大男孩,成熟和隐忍了许多,为了这个家,他也付出了很多。她心情稍微缓和了一些,不再那么委屈了。两个人就这么坐着,谁都不说话,但他们能感觉到,隔开彼此的那堵坚硬冰冷的墙,开始融化了。

回去的路上,老赵开车,偶尔看看木子。木子坐副驾,脸看向窗外。路灯打在木子脸上,一明一暗。亮的时候,木子被照亮。暗的时候,车窗映出木子的倒影,像是一面单面镜。她一会儿是职场女性,一会儿是全职妈妈。

木子对此毫无察觉，她还在回味刚才和胖子的一段对话。

走的时候，她好奇地问胖子："不过，我想不明白的是，这样糟糕的工作，怎么可能还有 30% 的人感觉不错呢？是他们家贼有钱，还是这些人天生就喜欢做全职妈妈啊？你这么一说，我想起在我身边，有很多人对自己全职妈妈的身份挺自豪的。"

胖子说："这当然是有套路的，全职妈妈也是一个职业啊，和任何工作一样，可以是苦役，也可以是爽文。怎么干一行爱一行，这里有很多窍门。不过今天时间不早了，老赵还要加班，你们先回去吧。

"这是我们的打折卡。欢迎下次再来！"

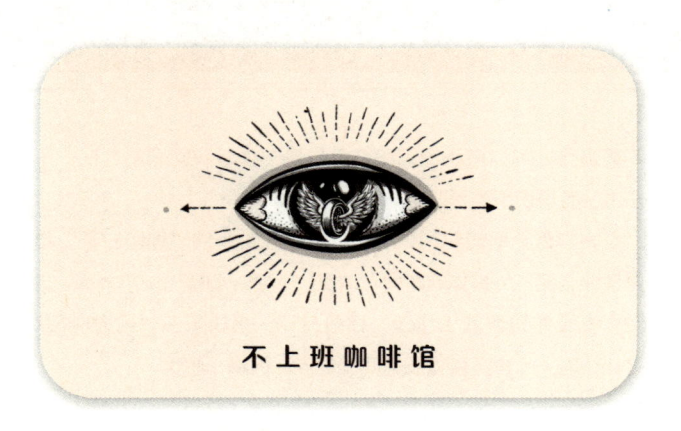

不上班咖啡馆

觉醒卡·看见女性

* 全身心地倾诉和倾听，就是在解决问题。

* 全职妈妈的工作，是一项平均每周工作 105 小时，远超"996"的高强度工作。
* 母职无薪工作若经换算，大概占到全国 GDP 的 18.6%。
* 全职妈妈不是在家享福、摊手要钱，而是高强度工作＋高压力带娃的付出，加上牺牲职业发展的沉没成本。
* 如果把全职妈妈的付出换算成有薪工作，大部分家庭不一定承担得起。
* 看不见的女人要被看见，要自己打开工作的灯。

GOGOGO

不管最终如何，自我倾诉和看见也是一种解决问题的办法，不妨试试看说说下列话题：

（1）在你做全职妈妈的过程中，最让你难受的"黑暗时刻"具体是什么呢？（具体到时间、地点、人物、心情……）

（2）在全职妈妈的工作里，你最感动、最快乐的"闪光时刻"是什么呢？（也要具体到时间、地点、人物、心情……）

1. 完成上述任意一项任务，可免费获得"可以不上班"咖啡一杯。有效期 15 天。
2. 店主胖子拥有一切解释权。

03

找回生活掌控感

木子找了一个下午,在家附近的茶室,梳理了一下自己的"黑暗时刻"和"闪光时刻"。这段时间,老赵回家明显早了,帮着哄孩子,孩子睡了以后,他和木子还会有些沟通。另外,老赵态度的转变,也带来婆婆态度的转变,她和木子的紧张关系缓和了一些。

胖子说得没错,当看不见的人被看见,就有人会改变,这个改变也会带来整个家庭系统的改变。但前提是自己要去开灯。这次是胖子替我开了这盏灯,下次,我要主动些,像那个女社会学家一样,用数据和事实讲清楚自己的处境。实在讲不清,本公主就要和他们吵一架!**吵架也是一种沟通,至少比不沟通好。**木子想着,就把与老公和婆婆的关系,移出了黑暗时刻列表。

但是,全职妈妈的黑暗时刻,还是不少。木子一下子就列出来下面几条:

- 时间不受控，宝宝的、老人的、老公的，一天二十四小时根本忙不完。即使有点碎片化时间，也是低质量的，根本啥也做不了。
- 自己觉得心累，想睡睡不着，心里没有能量，觉得日子过不下去了。
- 上网找资料……

木子列到第三条，自己也笑了起来。为什么上网找资料会这么黑暗呢？有时候宝宝一哭，或者拉肚子，她就会上网找资料。但找到的答案，都是一大堆网红的"育儿原则"。"六个月一定要……否则就会……""错过孩子的……敏感期，会让孩子缺失这几种能力""宝宝没有安全感的……表现"。不同的专家、学者、妈妈都在言之凿凿地告诉你什么才是最好的，然后又吓唬你一旦不做，孩子就废了。这让木子焦虑坏了。她报了很多班、听了很多课，可是越来越觉得自己哪里都做不好，尤其看了很多虎妈虎爸的分享，觉得自己不配当妈了。

但是，当然，还有很多的闪光时刻：

- 孩子长大的每个"第一次"：第一次笑，第一次叫妈妈爸爸，第一次坐起来，第一次能站，第一次走路，第一次摸小猫……这个矮胖小家伙的每个笨拙动作，都那么好看，那么完美。

还记得宝宝第一次站起来，走出第一步那个瞬间，木子忍不住边笑边哭。人类登月的第一步，根本没有此刻伟大。她心里想：宝宝，你长大的每一天，妈妈都没有任何离开你的理由，是的，每一天。

- 家里偶尔干净整洁的时候。有时候我实在看不下去，会咬着牙把家里收拾一次。当所有东西都归位，我坐在客厅喝杯茶，会觉得充满成就感。
- 好好睡了一觉，世界都鲜亮了。
- 和闺蜜们聚会、喝茶、聊天。

幸好有这个闪光时刻清单，让木子觉得世界还没有那么糟糕。她收好单子，决定第二天去咖啡馆再找胖子聊聊，顺便表示感谢。

这个夏天热得不正常，到晚上九点，也不见凉快。热力从地面蒸腾，几米外的车和人，被折射得歪歪斜斜。木子身穿一件白色的无袖背心，下面穿一条修身牛仔裤，踩着一双平底凉鞋，化了点淡妆，手上拿着一个大方盒子，推开咖啡馆的门，一股冷气扑面而来。

胖子正坐在柜台后，拿着几种咖啡豆辨香，抬头见到一个女士拿着一个大盒子推门进来，正上前打招呼。他突然觉得有点眼熟，"你是那个，那个……"

"那个前几周来你这儿,坐在柜台边,哭着吃草莓的人……"木子歪歪头笑,"你可要记得现在的我啊,那天看到的不算,那是我一生最丑的模样。对了,这个给你。"说着,她递过去一个盒子,打开是一幅版画。一只小熊骑着红色摩托车,背后是蓝天白云。

木子指了指柜台对面的墙。"我上次来,看你这个墙太空,应该挂点东西点缀一下。我找了一个喜欢的设计师的作品。"

"这怎么好意思,让大设计师给我设计,还要你搭上画钱。"

"怎么,让你首单免费送咖啡,就不让我首单免费送画啊。快挂上。"木子笑了。

胖子很开心,找来锤子钉子,叮当一阵挂了起来,然后退后几步眯着眼看,表示很满意。

"我经常想,如果我是一种动物,就是熊。哈哈,喜欢喜欢!来来来,快来喝咖啡。"

两人坐下,得知是要他给点带娃经验,胖子大笑摇头,"我可给不了什么育儿建议。论育儿,我可能还不如你们家老赵。不过,我倒是很懂工作。全职妈妈也是工作,我知道怎么把一个工作做得很爽很有成就感。"木子一听来了兴致。

"上次我观察老赵,他好像能理解你的价值。不过,被别人认可是不确定的,什么时候他忙起来,关注不到你,你又开始觉得自己没价值了。**真正的价值都是自己给自己的。**"

是的,木子想。这和做设计理念一样—— 一个方案,首先要自己感觉到美,然后去融合客户的要求;如果只去迎合客户的要求,做出来的东西就是个灾难。

"怎么把一件事做出自己的价值感呢?下面这些方案,不仅仅对全职妈妈有用,其实所有的工作都适用。

"**第一步,找回自己的控制感**。你看,你现在的时间乱七八糟,完全是围着宝宝、老公和老人安排的。他们又不可控,所以你觉得自己完全是失控的。你可以先排出他们的固定时间,看看自己还有多少空间。只要仔细梳理,一天的时间还是很多的。

"我有一个专为妈妈做时间管理的朋友,他发了一个妈妈的日程表给我,你可以参考一下。虽然他们家娃大了,但原理是一样的。"

好清晰!木子惊叹,家务能被规划到这种程度!

表格左边是精确到半小时的时间线,前面几列依次是爸爸、奶奶、宝宝的日常作息,这些时间不能移动,所以优先列出来。其实这些事,木子也要做,但只放在脑子里,模模糊糊,让人焦虑;这么写出来,虽然乍一看比较多,但掌控感出现了。这就是真实记录的好处。

而且木子也能看出,如果巧妙地腾挪时间,在琐碎的各种事情之外,的确还有好几段完整的时间。这些时间被分配到右边的栏目里,按照学习、成长、上课、家庭时间等排出来,此外还专门留出了悦己时间,这是让自己开心的时间;而绿洲时间,是想干什么都行的机动时间。

"**看得见的魔鬼,比看不见的可怕**。"胖子一边翻着图片,

时段	时间	爸爸作息	奶奶作息	宝宝作息（奶奶带娃版）	妈妈作息（奶奶带娃+妈妈上班版）					
					周一	周二（住校）	周三（住校）	周四	周五	周六	周日
上午	6:00	洗漱、早餐	起床/准备早餐和部分午餐/洗漱	睡觉	睡觉充电						
	7:00	开车去公司		起床/在客厅玩儿/喝奶	重启进入新的一天（洗脸刷牙、换衣服）						
	7:30	上班									
	8:00		冲奶粉/给娃洗漱/继续准备午餐	吃零嘴/自己玩儿/读绘本	早餐/亲子陪伴/八段锦	早餐/八段锦	上课	早餐/八段锦 工作机动	早餐/八段锦	早餐/亲子陪伴/八段锦	早餐/八段锦
	8:30										
	9:00		出门遛娃	出门玩儿	周复盘+计划	悦己时间/普拉提		专注备课	悦己时间/普拉提	体验突破	悦己时间/普拉提
	9:30				成长时间	成长/机动时间	成长时间		成长时间	成长时间	家庭休闲日
	10:00										
	10:30		准备辅食	在家翻墙倒柜/自己读绘本			工作机动/月复盘				
	11:00				家庭时间				家庭时间+清洁整理	家庭时间/亲子陪伴+清洁整理	
	11:30		午餐	午餐							
中午	12:00						任务切换/休息时间/社群爬楼				
	12:30		午睡	午睡（2h）	午睡充电			教练咨询	午睡充电	午睡充电	
	13:00					角色切换，进入工作模式			角色切换，进入工作模式		
	13:30						午睡充电				
下午	14:00		备菜 练功	吃点心/在家各处玩儿/读绘本	绿洲时间	绿洲时间 通勤/开会	上课	工作机动	绿洲时间	绿洲时间	
	14:30										
	15:00										
	15:30							上课			
	16:00		出门遛娃/备菜	出门玩儿							
	16:30										
	17:00		做晚餐	在家翻墙倒柜/读绘本	角色切换/做点家务，进入妈妈岗位	角色切换	角色切换		角色切换/做点家务，进入妈妈岗位	角色切换/做点家务，进入妈妈岗位	角色切换

一边感叹，"脑子里的琐碎事特别占内存。这么一整理，脑子就放空了，能想事了。"

木子看到了希望，她心里下定决心，回去也要拉一个单子。和她做得一样好！但是一想到，做这个计划表本身也是一个大任务，木子又觉得有点压力。

"对了，如果家人不按照这个时间表出招怎么办呢？"木子又突然想起，有时候宝宝会突然缠着她。

"**争取自己的时间，是一个管理别人期待的过程。**我以前养过一只猫，它一饿就过来要吃的，一看到我就翻出肚皮要摸，我也就忍不住喂喂它，摸摸它，结果最后，它整天缠着我要摸肚皮，不摸就一直叫，我也没法工作了。后来，一个宠物训练师告诉我，'你这属于被猫反向训练了。猫没把你当主人，而是看成了一个蹭一蹭就会有反馈的自动投食机、人型抚摸器。你要真的宠着这小东西，就不能千依百顺，而是要管理期待。最后要建立起一个"你好我也好"的生活习惯，否则最后养不下去，只好送人，猫也受罪。"

"停停停，这是什么类比，猫和宝宝，能一样吗？"木子提出抗议。

"当然当然，猫容易养，你养孩子难一百倍。我就是打个比方。"胖子瘪着嘴做出个无辜的表情，说别人他火眼金睛，轮到自己，就是钢铁直男。

"不过道理是一样的，宝宝现在就是一个被本能驱动的小生物，建立起一个规律的习惯，对你和对她都好。你睡不够吃不好状态差，她就不可能好。你，哦不，你们要建立起来的，不是对孩子最好的习惯，而是你们都能健康发展下去的习惯。

"而且啊，告诉你一个秘密。不仅是猫或者宝宝需要训练，其实老板、同事、客户，也都是可以训练的哦。如果你没有边界，随时响应，你可能也就变成了随时待命的人肉抱枕、移动公章、救火队员、递话语音条。这么搞下去，你自己工作也不精专，别人也对你失望，这不是双输吗？总之，**你要建立的不是对方最舒服的工作习惯，而是你们俩都感觉舒服的习惯**。当然，宝宝要管理，爸爸和奶奶也要管理，不过这个方式要商量着来。"

木子心里暗暗吃惊，自己在职场就是这一类人。她常抱怨自己的领导、同事总拿一些小事烦她，深夜十二点和她聊需求。没想到竟是自己的应对模式有问题。一直在讨好，一直在助人，最后受不了，又彻底地爆发一次，关系也没处好。以前听人说，生孩子是把自己再养一次，她有点体会了。她要从时间开始，修炼自己的工作掌控感。

"从做事里找到掌控感的方式，其实就八个字，'**提前规划，拉帮结派**'。提前规划好自己的时间，尽可能和身边人沟通协调，管理他们的预期，给自己留出余地。"

"不过，我还是有点不放心。我听一个老师讲过，这个阶段要给宝宝'无条件的爱'，她还举了一个心理学例子，说是把小猴子放在一个钢丝做的猴妈妈身上，旁边放一个棉花猴妈妈。

钢丝猴妈妈有奶水，棉花猴妈妈有温度，小猴子吃完奶，最后都回到棉花猴妈妈身上。后来这个实验还验证，只被钢丝猴妈妈带大的小猴子，长大以后都会更加孤独冷漠，有攻击性。我可不能让自己孩子变成那样。"

"啊，这个实验很出名，不过你太过多虑了。"胖子都有点被气笑了，"刚才还说我用猫比人不好，现在你倒好，用猴子比人！那你们家娃是给钢丝猴养，还是给棉花猴养啊？她可不是！她可是个吃饱穿暖，白天被人抢着抱的小宝贝，那群可怜的小猴子和她没法比。再说，连小猴子都会主动从钢丝猴走去棉花猴，证明孩子天生就有保护自己的本能。如果她真的那么需要，她会表现出来的，什么失眠、腹泻、反应迟缓，但你看看你们家娃，白白胖胖，哭声洪亮，是不是没事？"

木子也被自己逗笑了，但她想了一下，很认真地说："那无条件的爱呢？这总不会错吧，我也经常觉得自己做不到，觉得自己带着情绪，她乱哭我会生气，她尖叫我会烦躁，做不到无条件的爱，所以经常很自责。"

"你看你，**又把自己当圣人了，这是个母爱神话。时时刻刻无条件的爱，是个方向，但不可能是目标。**我有个朋友是国内顶级的心理咨询师，也是个育儿专家，她明确告诉我，即使是在心理咨询室里，她最好的状态下，这种'无条件的爱'一次也只能坚持一个小时。在家里，小朋友吵起来，她也是会大吼发怒的。你要二十四小时，随时保持无条件的爱，那你就接近佛陀了。你是要成仙吗？"胖子说完又呵呵地笑，把自己逗乐了。

木子扬起手，作势要揍他。这个胖子，讲起道理来，让人又气又想笑。

"但是人不可能活成神话。你想我们自己啊，我们哪个小时候没有被爸爸妈妈骂过揍过？现在不都挺健康的吗？也没有变成孤独可怜的恒河猴……除了有点攻击性——你看你看，又要打我。"胖子笑着躲开，"木子，你放过自己吧。你一天能真的保持半个小时、十五分钟的无条件的陪伴，就是个很好的开始了。"

十五分钟的无条件陪伴就够了吗？不过木子认真一想发现，自己真正关注孩子的时间并不太多，十五分钟也未必有。因为她的心思都在那些标准答案上——孩子一定要喝完多少毫升奶，睡够几小时，几周后要开始坐，几周后要开始站……

木子想起吴念真写的自传体小说里，有个关于陪伴的故事。

小时候，他们一家七口人都睡在同一张床上，是那种用木架架高、铺着草席，冬天再垫一层被子的通铺。父亲是一个沉默寡言的矿工，他一直在摸索和孩子们亲近的方式，但老是不得其门而入，孩子们也是。孩子们最喜欢的，是父亲上完小夜班回家的时候。吴念真早就被他开门闩的声音吵醒，但他继续装睡，等着洗完澡的父亲上床。木子在手机收藏夹找出这段文字，读给胖子听：

"他会稍微站定观察一阵，有时候甚至会喃喃自语：'实在啊？睡成这样！'然后床板轻轻抖动，接着闻到他身上柠檬香皂的气味慢慢靠近，感觉他的大手穿过我的肩胛和大腿，最后整个人被他抱了起来放到应有的位子上，然后拉过被子帮我盖好。

"喜欢父亲上小夜班，其实喜欢的仿佛是这个特别的时刻——短短半分钟不到的来自父亲的拥抱。长大后的某一天，我跟弟弟妹妹坦承这种装睡的经验，没想到他们都说：'我也是！我也是！'"

"**教育的最好方式，就是给孩子很多很多爱——是很多很多，不一定是很长很长**。真正的爱，也许是几个瞬间，也许有无数种方式，只要你是真心的，孩子们都能感受到。"胖子说。

"但是一旦太过焦虑，太想给爱，反而会陷入标准的动作里。这个时候，主动权就完全交了出去，你变成了标准的奴隶，失去了自己的掌控力。所以，完美的标准里没有爱，只有恐惧。比如说，刚才的计划表一拿出来，我发现你一开始很兴奋，后来又有了很多顾虑。你发现没有，这和你越看资料越焦虑的模式一样，这就是我要讲的第二件事，成为一个'不完美主义者'。"

"不完美主义者？为什么要成为这样的人？把事情做到最好，不对吗？"这和木子从小受到的教育差太远了，她脑子里的爸爸妈妈和老师领导的声音，一起跳出来反对。

"健康的完美主义者从来不追求完美，他们都是不完美主义者。我仔细给你说说。"

04

做个不完美主义者

"想把事做好,当然好。"胖子不紧不慢地呷一口咖啡。

"但怎么才算做好了呢?完美主义者会制定一个很高的标准,并要求自己每一步都能做到。这本身就是一条没有尽头的道路。一开始,他们跑得比较顺利,但到了某一个阶段,他们就发现,根本没那么多时间精力能够达到。这个时候,他们就开始焦虑、自责,这本身就耗了他们三成心力,这样一来,他们的表现就更糟糕了。"

难怪我刚看到那个掌控力表格,一开始兴奋,现在更焦虑了,木子想。她同时发现,自己去学习、听课的时候也是一样的,她就是那个经常对老师抱怨"听完课我更加焦虑了"的人。

"但这还不是更糟糕的,完美主义者不仅仅希望事情完美,还希望自己的形象也完美,只有交出完美答卷,让人人都满意,他才觉得自己有价值——你可能注意到了,这个目标其实也不可能达到。没人能活成人民币。"胖子说。

"一旦完美达不成,就会触动他们更深层的恐惧——此刻事情不完美已经不重要了,他们开始恐惧自己不被爱。"

我是个失败的妈妈,木子想。我就是这么看自己的——我是一个失败的妈妈,谁都会比我带孩子更好——每当孩子大哭,她又束手无措的时候,这个念头总会浮上来,小声对着她耳边说:"你是一个失败的妈妈,你是一个失败的妈妈,你看你看,果然你就失败了。"

胖子说着,画了一个循环图:

"你看,从一个完美目标开始,先是焦虑、纠结,放血三成。然后是担忧自我价值,心力又降四成。哪怕你刚开始兴致勃勃有十二分的心力,还没动手呢,定完目标心里跑一圈,就只有五分了。这个五分的自己,更加没法完成目标,又跑一圈,彻底完蛋。这就是完美主义的自毁循环。

"对于兴趣爱好，完美主义者的表现就是三分钟热度，一直拖延。但对于工作，比如带娃这种必须去做的、日复一日的任务，完美主义者的标准是很高的，他们每定一个高标准，每挫败一次，都给自我价值深深割了一刀。木子你说，这是不是受罪？"

不是普通的受罪，是凌迟。木子想到这个词，手臂立马泛起一层鸡皮疙瘩。

那是一种古代极残忍的刑罚方式，犯人被绑在柱子上，刽子手用一把小刀，一点点把肉割去。据说这些刽子手还受过训练，保证不会一下子切到要害处，以免让犯人快速死去，逃脱巨大痛苦。**每天小心翼翼地活在别人的评价里，一点点消磨自己的价值感的人，就在接受心理上的凌迟。**

我为了达成完美，竟然会对自己有这么大的恶意吗？木子想着，身体竟然开始发抖。

沉默了很久，深呼吸了几次，木子才调整好情绪。她没有告诉胖子自己可怕的想法，只是问："道理我都懂，但是我就是忍不住这么想，怎么办？"

"做个不完美主义者。"胖子说，"你愿意试试看吗？不完美主义者的成果，往往比完美主义者要多。不完美主义的妈妈，也会比完美主义妈妈带出更好的孩子。这个概念是一个美国作家斯蒂芬·盖斯提出来的。他是个个人成长类作家，出了很多畅销书。不过他一点都不勤奋，是个大宅男。他就用一套不完美主义的心法,让自己变成一个大作家。"

"那,什么是不完美主义者?他们不定目标吗?"

"不完美主义者也定目标,但他的关注点不同。完美主义者是希望每一步都很完美,一直到一个完美的大结局。为了达成完美,他们不断地增加资源,调整状态,选择时机,结果陷入'不可能的完美—焦虑—自我价值降低—更不可能实现'的完美主义循环。而**不完美主义者认为,最好的状态是——长期预期很高,但是短期预期很低,低到不可能失败。**这样,完美主义循环的链条才会停止运作,我们才会持续行动。一旦行动,就有成长。不完美主义者降低了短期的目标高度,但是提高了坚持的长度,所以他们最终获得的结果往往很好。"

"低到不可能失败?那会有多低?"木子好奇。

"比如说我自己偶尔也写点东西,长远来说,我也想写一个伟大作品。但是短期呢?我对自己说,今天能写1000字就行。结果憋了10分钟,都没有写到100个字,连个朋友圈都不够发,而且我会每写一行,就骂自己一遍:'我写得太烂了,这都是垃圾。'这时,我就知道自己的完美主义循环出现了。

"于是我马上切换模式,调低预期,对自己说'今天写个300字就好',或者'写个大纲也行',如果还是卡顿,那么'写个标题试试看'。有时候,我甚至把预期降低到'面对空白文档,随便敲字'。反正我对自己说,'这是我的文章,我有写出全世界最烂东西的权利。'"

"就算是一坨屎,也要先把它拉出来看看,对不对?"木子心灵感应，脱口而出，讲完又觉得这话又糙又爽，回到了大学女生宿舍夜谈的状态。她可爱地吐吐舌头，示意胖子继续。

胖子拍手大笑："哈哈哈，对对对。但这是写作，说到带娃，我可没什么经验。"胖子对木子说，"不过，你让我想起我一个朋友……"

"我发现了，我总有无限个问题，你总有无限个朋友。"木子抢白。

胖子报以一个得意的鬼脸，"她在美国工作，是一家国际咨询公司的合伙人，三十多岁想生孩子，就去研读育儿书，这些书把养孩子这事讲得超级复杂，无限投入，她越看越不敢生。最后遇到一个身边的育儿专家，那个专家告诉她，'你不用太担心了，我做这个领域很多年，实话说，孩子只要达到这三个目标，就算很成功。'哪三个呢？"胖子竖起三根手指，"'**第一，身体健康，不得大病；第二，不要自杀；第三，生活能自理。只要达到这三个目标，你就是成功的母亲，你的孩子就是对社会有益的人。未来的路，你管不了，也管不着。**'这个姐姐一下释然了，虽然据她自己说，带娃的路上一路屁滚尿流，但是她现在有三个孩子，健康快乐。"

参照这三个目标，木子觉得自己与成功妈妈的差距也不是很大。不过她还有点保留意见，毕竟胖子也不是啥育儿专家。想尝试一下不完美主义的木子开始有了自己的主意。此刻，她也在想，那个时间管理表看上去好难，但她应该降低点预期，比如边写边画，先搞一个。至少，我能做得比那个更加好看。

"长远预期高,短期预期低。不比完美程度,比坚持长度,最终达到很高的目标。这个我理解了。的确,对于教育、专业、写作,长期的目标是更好的方式。"木子说。

"还有一个秘诀,写不下去的时候,我不会找借口说,我没准备好是因为资料不足、环境不行、座位不舒服、咖啡牌子不对……因为一旦这么想,你很快就会发现,你在忙于找资料、重新收拾桌子、换咖啡、买键盘……总之就是没有写。这些都是对于'写'的逃避。不完美主义者不依赖环境,而是完全依赖自己的行动,这是他唯一可控的。"

"那怎么知道自己是在逃避,还是在真实行动呢?我找资料的时候,也觉得自己是在行动啊。"木子问。

"很简单,把事情分成'做'和'不做',只分两类。

"'做'就是针对目标做了动作,所有和目标不相干的动作,就是'不做'。写一行字也是'写',房间布置得再好,也就是'没写'。我笃信,只要做了就有成长。对于不完美主义者来说,**完成比完美更重要,能量比才华更重要,做了比不做更重要。**"

"你说得对!我原本想等回家,找个安静的时间开始做计划。我改变主意了,那就现在吧。"木子说,"借我一支笔,我就在这餐巾纸上做个计划。这样我能掌控自己的时间,也能掌控自己的目标。"

"恭喜加入不完美主义者阵营。"胖子说。

05

能量回流计划：和自己的约会

木子在餐巾纸上写写画画，写满了两张，一张是固定时间的盘点，一张是自由时间的设计。大概三十分钟，一个大框架就出现了。她抬手叫胖子来看。

胖子小跑过来，用围兜擦了擦手，小心接过餐巾纸，看到木子在表格上加的Q版小人：哭闹的宝宝、监工婆婆、和稀泥老公（画面上他真的在和稀泥，哈哈哈），还有暴躁喷火的自己，他不禁感叹："太好玩了吧！"看到木子四边勾勒出来的巴洛克花纹，他又啧啧称奇，"天啊，怎么这么好看！像《圣经》一样。"

最后，他看向木子，"怎么样，是不是很有成就感？**害怕不完美的动力撑不过一晚，追求小成就的动力却可以延续一生。**当你在用'不完美主义'的方式，做自己喜欢又擅长的事，你就是发光的。

"现在，你完成了'固定时间'和'掌控时间'这两张纸，已经能有掌控地完成家务工作啦。我正好给你讲计划的第三部分，也就是第三张纸——**能量回流和价值变现**，这部分，是专门为你自己服务的。"木子迫不及待地点点头。

"全职妈妈在家里，一直都往外输送能量，很少让自己接收能量。要让内心稳定，得先让自己有能量回流。怎么回流呢？你可以多做自己的'闪光时刻'。"胖子用手点点木子带来的清单，"你的闪光时刻包括：看到孩子成长、收拾房间、好好睡觉、和闺蜜聊天，这就是你的能量回流事件，要专门拿出时间，把这些时刻安排出来。"

木子的第一反应是，"这会不会太奢侈了？"

"如果公司让你周末休息，每天按点下班，你会觉得很奢侈吗？为啥自己做自己的老板，还这么跟自己过不去？"胖子揶揄道，"再说，连最苛刻的老板都会认同，休息是为了更好地工作。你就当能量回流，是更好地做全职妈妈这份工作的必要准备吧。"

"你啊，就是励志片看多了。"胖子左右看看，降低声音，像要说一个惊天秘密，"我说一个从男人角度算是叛变的话啊，**这个时代的女性，有时可以更自私一些。如果你看到有人非要歌颂母亲日夜辛劳，无私奉献，那也得保持冷静，别太入戏，可能人家就是想做个节日促销。**"

"懂！"木子拍拍脑门，自己这个脑子算是彻底被洗坏了。

"还有啊，一旦你安排了能量回流工作，就要认真地留出时间，作为'和自己的约会'，安排进表格。"

"和自己的约会？"

"我们经常会挤占自己的能量回流时间，比方说，晚上休息时间收到老板短信，你会马上下意识想回复，你觉得能量回流不重要。但如果你约个朋友见面，你会停下来干别的吗？你不会，你会准点到，尽量不安排别的事情。那为什么和自己约会会推掉呢？是自己比别人更不重要吗？所以你要按照约会的要求，来管理好自己能量时间。"

"我懂了，"木子点点头，"保护和自己的约会。"

"最后，我们说说'价值变现'。注意啊，我说的可不是你的朋友圈价值百万，要读书创富这种变现金的变现。"胖子笑嘻嘻地搓着手指在空气里数钱，好个奸商模样。

"我说的变现是，**把'内在价值变成现实'。你要把自己觉得有价值的事情固化下来，变成看得见、摸得着、能量化的成果**。这样这些东西会成为你自我价值的锚点，当你对自己失望、沮丧的时候，看到这些，它们就会像攀岩时用的钉子一样，把你紧紧地固定在原来的位置。

"你看，摩托车的里程表，是骑行的锚点。这家咖啡馆，是我朋友们的锚点。那，你的价值锚点是什么呢？"

木子重新看自己的闪光时刻清单，想了想说："我觉得孩子的成长有价值，我可以给她做一个'每天一照'，或每周的成长记录，甚至是一段视频，等她十八岁生日时送给她，一定很美好!

"还有,我觉得自己的成长也很有价值。我可以开一个自媒体号。大家总说爆款、赚钱,我很反感,但我希望真实地分享自己的感受,比如我和你的对话,自己的变化,这也许也可以帮到更多新手妈妈……"

"对,要把这些闪光时刻变成时光,把时光变成成果,把自己紧紧固定在成长路上。以后要回去工作,这些记录也是重要证据。"

木子点头。她越来越理解为什么有人说,带孩子是把自己重新养育一次。这个过程让她理解了时间管理、完美主义、能量回流、价值变现——正是这段旅程,让她有这么多神奇经历。

06
展现脆弱是更大的勇气

"不过我还有个担心。"木子皱了皱眉,"胖子,你一直在鼓励我,所以我能做得不错。但我一回家,没有人能支持我鼓励我,我可能很快就降温了。这该怎么办?"

胖子眨眨眼,有了个灵感。"为了回答这个问题,我们不如试着玩个游戏,你不是爱唱歌吗?这个游戏就叫'**话筒递给某某某**'。我们先试试看,把话筒递给好朋友。

"现在不妨想象:如果你有一个好闺蜜,就在你对面,对你说着自己带娃的无期的苦役,讲自己焦头烂额、屁滚尿流、一无是处,还无法脱身,你会怎么安慰她呢?"

木子歪着头想了一会儿,说:"我会什么都不说,先陪她哭一会儿。男人们总着急给解决方案,但是她需要的只是陪伴。等她情绪好些,我会对她说:'你啊,放过自己吧。你别忘了,虽然你有一个两岁的孩子,但你也只是一个两岁的妈妈啊,你也会犯错,也会哭闹,因为你也是第一次做这些事。再说了,孩子有自己的命运,我们只是陪着他长大就好了。至于老公、婆婆和周围人的看法,只要你做你自己,就会一些人喜欢,一些人不喜欢,谁能让所有人都满意呢?你又不是人民币!'讲嗨了,我就和她一起,痛骂臭男人。"一旦开始安慰别人,木子身上那个伶俐劲儿就出来了,妙语连珠,还押上了韵。

胖子点头赞许:"你说得很好啊!但是你自己想想,你平时的内心又是怎么对自己说的呢?"

木子回想了一下日常总对自己说的话:你这个笨蛋,又做错了吧,你真差,你不行,你根本搞不定。想到这儿,她愣了一愣,扑哧笑了,"我就不给你描述了,都不是什么好话。唉,人为什么总是对自己这么苛责,而对别人这么好呢?"

"这就是'话筒递给好朋友'的要义。好朋友其实是我们的自我对话。我们经常说'自我对话',其实每个人并不是只有一个自我,而是有很多内在自己:有作为好朋友的自己,有完美主义的自己,有道德评价的自己,甚至有尖酸刻薄、专挑毛病的自己……他们像开鸡尾酒会一样,乱哄哄地在你脑子里说话。

"而你,酒会的主人,其实有能力选择听谁说,甚至把话筒递过去。"

"对,刚才我就是把话筒递给了作为好朋友的自己。而日常,我都是把话筒递给了刻薄的自己,这又是为什么呢?"木子问。

"对于不完美主义者来说,为什么不重要,如何做才重要。你不一定要完全理解什么原生家庭、童年伤害理论,才开始疗愈自己，那也是个完美主义的诡计，看得越多，你往往越觉得自己很惨很可怜。其实在你理解胃怎么消化之前，你不是已经好好地消化了三十多年了？鸟也不懂空气动力学，它们也都飞得好好的。**你不需要知道所有事，但需要有勇气上路。现在，你只需要行动起来，把心里的麦克风，递给能帮助自己的内在声音**，不妨对自己提个问题：如果我把话筒递给内在的某个角色，她会怎么对我说？"

木子想了想说："我现在最缺乏的是自我接纳，我该把话筒递给谁？"

"那就递给最能无条件接纳你的一个角色，那是谁呢？"

是外婆。

木子第一个想到的竟然不是妈妈，而是外婆。记忆里，外婆才是家庭的形象。寒暑假的时候，爸妈把木子送回东北老家，和外婆一起住。每天早上，木子总是被早餐的香味叫醒，走出房间，客厅已经被收拾得干干净净，桌子永远一尘不染。下午木子会去公园玩一玩，回到家里打开搪瓷杯子，里面永远有晾凉的茶水，能让她一口气咕咚咕咚喝个够。晚上木子认床睡不着，外婆会来陪她，帮她把被子掖好，给她讲妈妈小时候的故事。每次年夜饭的时候，一家人坐下，桌面上总是已摆满了酒和菜。现在回想起来，当时家里并不富裕，真不知道外婆是用怎样的精打细算，维持这个家的。而那种辽阔空旷的安静感，是外婆去世之后，留给她最重要的礼物。

不过她也心疼外婆。每当过年,外公就约着司机班一群老哥们儿喝酒,喝到兴起,总有人站起来,用一种很东北酒场的方式说:"我提一杯啊。"有一杯,肯定是夸外婆的,说外婆为家庭付出了这么多,对外公是多么支持,多么辛苦地把两个孩子拉扯大。可木子知道,外公在家里,从来都没有帮过外婆一个手指头!甚至就在别人说这句话的时候,外婆也没能上桌!那个时候,木子心里觉得特别生气,她发誓,长大以后要带外婆离开。她工作后的第一份工资,就邮寄了给外婆。不过木子的誓言没有实现,外婆已经不在了。想到这里,木子的眼睛又湿润起来。

胖子感觉到木子的变化,他等了一会儿,才轻轻地问:"如果外婆在这里,听到你的处境,她会对你说什么?"

仅仅是听到"如果外婆在这里"这句话,木子的眼睛就红了,她就突然感觉自己一下子小了二十岁。她闻到了老房子的味道,她重新变成那个扎着羊角辫的孩子,咕咚咕咚地喝水,然后靠在外婆身边听故事。那时她没经历过人生,不理解外婆的苦难,而现在,她全都懂了。安心、委屈、思念、心痛,很多种感情一下子涌上来。

木子喉头发紧,没法说话,只有眼泪不断往下流。这泪水似乎不是流下了脸庞,而是流进了心里,流进那片平静又辽阔的安静。胖子也不说话,只是默默地递上一杯水、一张餐巾纸,让她好好地自己待着。

很久后,木子听见外婆那缓慢的、带着乡音的声音说:"木子娃娃,你好厉害啊。你去了那么多外婆从来没去过的大城市,做了好多外婆不懂的事,你是我们家里最有出息的女娃娃,外婆好喜欢你。当妈不容易,娃有多大,妈妈也就有多大。你也是个娃娃啊,你已经做得很好了。不管怎么样,外婆都很爱很爱你,都和你在一起。"

过了许久,木子情绪平静了一些,胖子才开口:

"你应该看到了,**在真正爱你的人心里,暴露脆弱和缺点并不可怕,反而会带给你力量**。没有人会爱一个完美的人,尤其是这个完美还是假装的。"木子呆呆地点点头。

"因为大家也都知道,自己其实有多不堪。所以你越是端着,内心会越无力,大家顶多羡慕你,却不会真的喜欢你。而当你放松自己,内在和外在世界,都会更喜欢和接纳你。**你是要孤苦伶仃地被羡慕,还是要真心实意地被喜欢呢?**"

没有什么能通向真诚,除了真诚本身。木子想起了这句话,今天她才真的理解。

"但一旦知道这些,他们会不会不再喜欢我,觉得我很差呢?毕竟我自己都没法接受自己!"木子心里的那个恐惧还在。

"不知道,但值得试试看,至少能识别出真朋友——谁喜欢的是真实的你,谁喜欢的是你的完美扮相。"胖子的笑让人安心,"比如我就很欣赏你的勇气,那天晚上,你一个人虎了吧唧走到咖啡馆,提着半盒草莓哭,我看到你的难堪,更加看到你背后的勇气。连一个陌生人都如此,你也要试着信任你的家人、朋友,他们有能力喜欢真实的你,欣赏你脆弱背后的勇气。

"人们总觉得,面对难关奋勇前进是一种勇敢。其实他们不知道,真实地展现脆弱,也是更大的勇敢。恰恰是这些不完美,让其他人伸出援手,让我们建立链接。 不完美,也是生命的机会。我们的家庭、朋友、职业,乃至人类社会的商业和国家,都是通过个体的不完美连接起来的。这就是真实的脆弱带来的奇迹。"

木子想起她在微博上看到的一个 Me Too 运动——许多在职场里被性骚扰过的女性站出来,讲述自己被伤害的过程。身为女性,木子不觉得她们糟糕或可怜,而是佩服她们的勇气。她把这个想法告诉胖子,胖子也感叹:

"是的,一个人的勇敢,会带动很多人的勇敢。现在,对着我,你愿意勇敢地说说,你心里那句一直折磨着你的话吗?"

木子深吸了一口气,喝了一口水润了润喉咙,鼓起勇气说出口:"我,一直觉得,我不是个称职的妈妈。我很多事都做得很失败。"

这话一讲出口,她突然有一种下水道堵了很久,终于逐渐冲开的感觉,她看看胖子,他还是带着鼓励的眼神很专注地听,没有显得很吃惊。她所担心的事情,完全没有发生。于是她马上接着说:"我相信我以后一定会做得更好。"

胖子点头说:"说得真好!不过,我们试试看再勇敢一些。为什么以后一定要做得很好啊,以后做得也不太好,是不是大家就不再喜欢你了呢?你愿意再大胆些吗?"

再大胆些?木子低下头想了几秒,感觉到有一股压抑很久的热力,从小腹往上冲到嘴里:"我过去一直觉得自己是个不称职的妈妈,不过我相信即使这样,大家还是会爱我,和我在一起的。有了你们的支持,我会试着做得更好。"

"但如果还是做不到呢?"胖子突然提出个小挑衅。

也不知道哪里来的勇气,木子几乎没过脑子地反驳道:"**如果做不到,那也没办法,反正我尽力了,其他的管他娘!**"

"太好了!"胖子一拍桌子,吓了木子一跳,"其他的管他娘,啊啊啊,说得漂亮。"

木子讲完这句话,脸都涨红了,心怦怦直跳——刚才这粗话是我讲的吗?

不过,她马上识别出来,刚才这是自己的小仙女人设抢过了话筒。而现在,一个穿着普通家居,蓬头垢面,手中抱娃,但眼神自信的木子,在大声地重复这句话——这才是真实的我!这种通畅的感觉,哈哈,真爽!

该回去了,木子平复了一下心情,正要出门。

胖子又鬼鬼祟祟地把木子喊住,小声说:"对了,那句女性可以更自私的话,千万别说是我说的哈。被他们发现我叛变,就不跟我骑车玩儿了。"

木子大笑:"没问题,替你保密!"

胖子递过来一张打折卡,上面写着木子的话:

我一直觉得自己是个失败的妈妈,但我现在明白,我只是做得不够好。我相信即使这样,大家依然会爱我、支持我。有了这些,我会试着做得更好。

如果做不到,反正我也尽力了,其他的管他娘!

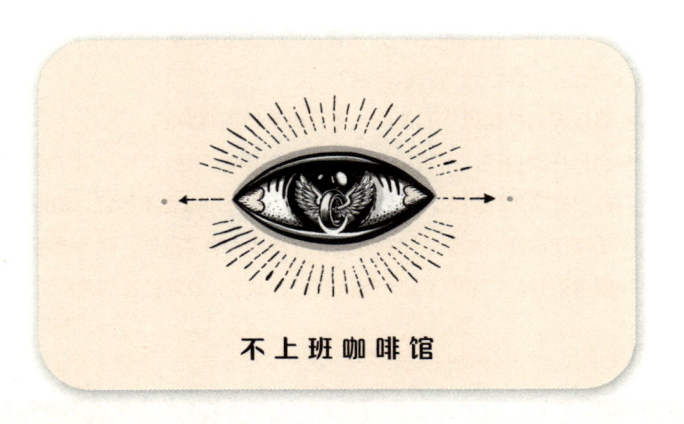

不上班咖啡馆

觉醒卡·掌控与勇气

* 找到自己的"黑暗时刻"和"闪光时刻"。
* 提高掌控感:梳理出自己的固定时间、自由时间,协同家庭资源,管理各自期待。

* 做不完美主义者：长期高预期目标，短期低预期目标，让行动不可能失败。
* 只用"做"和"没做"来评价行动，降低行动的难度，提高行动的长度。
* 完美标准里没有爱，只有恐惧。小心翼翼地活在别人的评价里，是一种自我心理凌迟。
* 提高价值感：留出能量回流时间、价值变现时间，安排和自己的约会。
* 把话筒递给内心声音：如果你是自己的好朋友/女儿/儿子/导师……你会如何对自己说？
* 展现脆弱性是勇气的体现，是外界支持的来源。
* 当你怀疑自己，不妨和木子一起念一遍这句话："我一直觉得自己是个失败的人，但我现在明白，我只是做得不够好。我相信即使这样，大家依然会爱我、支持我。有了这些，我会试着做得更好。如果做不到，反正我也尽力了，其他的管他娘！"

GOGOGO

（1）做一个"把话筒递给……"练习，当状态不好的时候，你心里对自己最常说的话是什么？你可以把话筒交给谁？他会对你说什么？

（2）找一个你信任的、让你有安全感的人，试着对他说说自己最脆弱最焦虑一面，看看自己有什么感受？他有什么回应？

（3）安排"和自己的约会"，坚持至少三周，每周两次，每次至少三十分钟，不要爽约。

1. 完成上述任意一项任务，可免费获得"可以不上班"咖啡一杯。有效期15天。
2. 店主胖子拥有一切解释权。

07

全职妈妈,还是重返职场?

"胖子是个很有趣的人。"

两周以后,大忙人 May 终于又想起来木子,她们约在公司附近吃火锅。木子把那天晚上的奇遇给她讲了一遍。

"这个人呢,很难形容。你知道,胖子总给人一种堵塞、笨重的感觉,但这个大叔却胖得很圆溜很自由,你看到他,不会想到路障,却常想到道路。咖啡馆还有很多奇怪的规定。比如说,他的打折卡也叫觉醒卡,卡片背后有一些小任务,如果你照做,他还会免费送咖啡。"

"要做什么呢?" May 很好奇。

"是和谈话相关的小任务,要十五天内完成。比如这两周,给自己安排'和自己的约会'。你看,你约我好几次,我都懒得动。今天你一叫,我不就出来了吗。闺蜜见面是我的能量回流时刻。"

May 重新上下打量了一下木子,觉得她似乎和过往有些不同。她的气色明显在变好,心情也不错。木子上身穿鲜绿的卫衣,下面穿着一条白色休闲裤,脚踏白球鞋,旁边放着双肩包,像个大学生。

这些天,木子在一步步地执行全职妈妈的掌控计划。

首先是"主动规划,拉帮结派",她重新制定了日程安排,和老赵、婆婆都做了协商。她接纳了自己早睡晚起的天性,允许自己踏实睡到七点半。晚上孩子哭,老赵会主动起身帮忙带娃。中午在家,婆婆能哄睡。下午五点到晚上九点她则是沉浸式带孩子。宝宝中途还有点拉肚子,想到胖子说的三个目标,木子倒也不心慌,该喂药喂药,该按摩按摩,宝宝自然就好了。

她的能量回流计划也实施了起来。宝宝睡了以后,她晚上预留了半个小时和老赵聊天的时间,聊聊孩子,聊聊他的工作,他们的亲密感在变强。上午和下午空隙的时间,她安排了运动和听课,这都是自己很喜欢的事。她还报了一个手机摄影课,按周把娃的成长记录和整理下来。课上,她又认识了同学,准备约着一起做小红书,想把自己的育儿经验、个人成长发上去——不用大火,帮一个是一个。

全职妈妈的生活,重新变得有节奏感,也不那么拧巴了。

"一个月做了这么多事!佩服佩服,你这是老战士找到新战场了啊。"May调侃道,"不过木子,你可是我们那一届设计老师点名的最有潜力的几个学生之一啊,你不会真的想一辈子做家庭主妇吧？"May 这么问，不是吐槽，而是真心爱护木子。

May 和木子同一个系，不过她毕业就没做过建筑，而是去了一家房地产公司做营销策划，然后又转岗去了战略投资部。几年后，房地产行情不好，她又跳入了金融领域，五年下来，手头操盘着两个过十亿的基金。她形象好，能力强，身边自然追求者众多，但她则坚守三不主义：不婚、不育、不固定对象，是典型的独立女性。

"你可别被洗脑啦，全职妈妈就算再好，也不是长久之计，还是要自己赚钱。今天都什么时代了，女性崛起的时代！女性经济不独立，精神怎么独立。你们家就该轮流带娃，平摊消费。老公不同意你就搬出来，我养你。我这个当干妈的也能供娃出国留学。"

木子笑笑说："情分我领了，钱你自己留着环游世界去。"不过这倒也触动了木子心里的一根弦。老赵的钱，倒是能支持家里的开销，但她心里的确有些不安。

在大学的时候，男生都在看《六人行》，女生扎堆看《欲望都市》，那个时候，May 就喜欢大女主米兰达（Miranda），木子喜欢的是温柔痴情的夏洛特（Charlotte）。木子也没法像 May 一样洒脱，她满意现在的生活，喜欢看着孩子长大——她心里有一个家庭梦。

May 看木子还有些犹豫，接着说："婚姻就是对女性的剥削，母职更加是一种惩罚。我和你说，在我们公司，女生一旦怀孕，就会被嫌弃，没法出差，没法喝酒，只能调去做点行研工作。这些男人呢？在公司鄙视嫌弃怀孕的女同事，在家看不起老婆，总觉得钱都是他们挣来的。这公平吗？有些老男人还暗地里给我送花送礼物，搞暧昧。老娘照单全收，替天行道！我跟你说，木子，你得为自己打算，不要再执迷不悟了。"

虽然没法完全认同，但 May 的一番话，还是很有冲击力。木子读过英国作家弗吉尼亚·伍尔芙的《一间自己的房间》。她说："**女性如果要写小说，她就必须有钱，还有一间属于自己的房间。**"她现在既没有钱，也没有自己的房间。在家待了一年多，设计的手感好像也离她而去。全职妈妈虽好，但她真的准备一直这样下去吗？

该重新回职场吗？她想和胖子聊聊。

08

每个人都有自己的人生剧本

"木子,你醒来得真快。"胖子说话还是这么神神叨叨,"你很快适应了全职妈妈的角色。现在,你开始跳出角色想问题了——'我应该拿什么人生剧本?'"胖子说着,弯腰冲着卡座做了一个"请"的手势:"恭喜,你的导演位置出来了。"

"什么乱七八糟的。胖子,你能不能别总跑题啊。"木子一头雾水地坐下,"我只是想知道,自己到底该怎么选,我该去上班吗?"

"这正是我们今天要聊的话题。**我们决定了选择,选择又决定我们的未来。**那你有没有想过,你是怎么走到今天的?你考上好学校,选择了自己喜欢的专业,你遇到老赵,决定结婚,决定要一个孩子。这些是你自己的选择吗?"

"每个都是我自己选的。"木子很确信,设计师的核心就是洞察力和判断力,她一直是个自己做选择的人。

"但是更深一层,这些选择都基于你脑子里的人生剧本。上学的时候,你的剧本是好学生;到了公司,你的剧本是好员工;到了一定年龄,大家都在结婚生子,你决定找个合适的人结婚,生个漂亮可爱的孩子。这些都是你脑子里的剧本。你相信自己只需要演好这个角色,剧本最后一页的人生就会展现。今天你闺蜜给你展现了另一个剧本,而且她这个剧本也演得很不错。于是你蒙了,不知道接下来该怎么演下去。"

胖子说着,拿出一张餐巾纸,简单地拉出几条线,画出一个金字塔,从上到下依次写着:剧本—角色—价值观—能力—行动。

"比如说过去两年,你拿到的就是全职妈妈的剧本。你以为全职妈妈就是没日没夜地苦熬,而且要一个人战斗——我们很多的文化就是这样用歌颂去合理化它的——母亲节的时候,你

就能看到一个苦哈哈的、牺牲了一切的母亲形象。以至于你也艰难地这么演下去,从没想过其他答案。直到我们的两次谈话,你看到别人的演法——妈妈原来也能活成这样!"胖子在"角色"这个词上,画了一个圈。

"你的价值观开始变化,你意识到自己的不完美是有力量的,你意识到能量回流是重要的,你也勇敢地做了尝试。一旦价值观开始松动,什么时间管理能力、沟通协商能力、让自己开心的能力,就都解封了,你本来就有这些能力。所以行动也变得自动自发,整个人就一下子通畅了。"

胖子说着,拉了一个从上而下的箭头。"**所有重要的改变,都是自上而下发生作用的。**反过来,在同一个层面使劲,往往变化不大。你当妈妈的价值观没调整,就算把资料搜索能力、忍耐力、执行力等这些能力提高十倍,事情也只会越来越糟。这个模型叫逻辑层次,是一位美国培训师罗伯特·迪尔茨的总结。"

木子看着这个神奇的金字塔,想到自己上班的时候,曾经和一个领导处得很不愉快。当时因为一个无心之失,在做方案演示稿的时候,写了一个错别字。结果那位领导大发雷霆,开会的时候公开说:"我没见过这么不负责任、不专业的人。"从此也不知道为啥,木子就开始摆烂——既然你说我不负责任,我就烂给你看。

最后是旁边组的女领导没放弃她,把她调入自己团队,委以重任，直到接到那个顶楼的设计项目，才让木子一战成名。现在看来，自己当时只是行动失误，却被从价值观层面评价，结果所有的能力都被封印起来。这可能就是所谓的PUA吧。幸好有人给我解除了封印，木子心里对那个女领导暗暗感激。

不过，今天我学会了这个模型，我不会再让别人随便修改我的价值观了。我可以犯错，但我知道自己是个专业和负责的人。木子想。

胖子又指着"剧本"两个字，画了一个圈。

"现在，你已经可以把全职妈妈的角色做得很好。你在想，这个剧本我能演好，我是不是可以换个剧本演呢？对不对？"

"但是我怎么知道我该演什么剧本呢？"木子问。从小她都是好学生、乖孩子，她很擅长把一个剧本演好，但要让她自己想，她毫无头绪。

"问得好！木子。"胖子眼睛开始发光，"'**我该演什么人生剧本呢？**'**这个问题本身就特别了不起，这是一个导演才能问出来的问题！**"

正好说到这里，木子的手机响起，May给她转发来一条新闻链接，并说："我就说家庭主妇不靠谱吧。你看，你偶像塌房了。"

木子点开链接。原来是她！木子刚结婚装修房子的时候，买过一本叫《怦然心动的人生整理魔法》的书。作者是号称日本的家政女王、"收纳之神"的近藤麻理惠，她是坚定的断舍离执行者，房间永远井井有条，一尘不染，木子马上就被圈粉了。

从那个时候，木子就一直关注她。后来她越来越火，去美国做真人秀，被时代杂志评为2015年"全球最具影响力100人"之一。又过了几年，她甚至有了自己的"家政女王"公司，还生了三个娃！那个时候木子就想，人和人的差距实在是太大了！怎么人家能做得这么好呢？

不过新闻说，麻理惠也开始躺平了——她在最新出版的书里说，尽管她很热爱做家务，也很热爱家政女王的工作，但有时日程排得太紧，整个人疲惫不堪，被焦虑压倒。可麻里惠是家政女王啊，不能躺平！一开始她给自己施压，告诉自己再怎么累也要维持好家里的整洁度。然而小孩子制造垃圾、弄乱家里东西的能力，完全超乎她的想象！她的收纳技能在大娃的乱丢玩具面前，毫无用处。等到二女儿出生，她幻想过改进一些针对孩子的打扫方式，实际上却累得人仰马翻，连最基础的房间整理都没精力。等到三娃出生，麻理惠彻底举手投降。

原来，连"收纳之神"也承担不了这么多家务。以前，麻理惠觉得自己必须从做家务中获得快乐，只有看到一尘不染、空旷如样板间的房间才能感到平静。现在，她累的时候，会买最舒服的真丝睡衣穿上，喝一杯热茶，看看以前的旧照片放松。她说："对我来说，我有点放弃收拾家里了。"她不再想去整理房子，而是去整理内心。

木子看完，并不觉得麻里惠塌房了，反而觉得很解压。她现在能理解这种展现脆弱的力量了。麻里惠只是自己经历的放大版，知道连收纳之神都搞不定，木子整个人更踏实了。

木子把这个信息给胖子看。胖子笑了：

"真是个妙人。其实她已经把答案讲出来了。重要的不是整理房间，而是去整理内心。麻里惠整理家居不是为了丢东西，而是为了丢掉那些不能让自己快乐的东西。当'收纳之神'的角色不再支撑自己想要的人生。她就把这个角色干掉了，换成更好的，这正是一个清醒的人生导演该做的事——有角色的时候深深入戏，但在角色不支持的时候，又能自己重新写剧本，新开一局。麻里惠不是塌房，恰恰是升阶了。这就是我说的，醒来。"

讲到这里，木子更加好奇了，她来不及把这个观点告诉May，而是继续提出这个问题："那，我该怎么创造自己的人生剧本呢？"

09

人生主题：怎么才知道，我要过怎样的人生？

"所有的导演都知道一个不愿公开的秘密：**所谓的新剧本，只是一些老剧本的组合和再创**。你要创造自己的剧本，就先要回去拆解一下你过去的剧本。你能不能说说看，对于未来的生活，你有哪些想象，这些想象都是谁给你的？"

我对人生的想象，是谁给我的？记忆的指针往回拨，一个个人物浮现出来……

第一个想到的当然是外婆。那天她在胖子引导下，听到外婆对自己说的话，她一直还记得。外婆送给她家庭主母的剧本，也留给她对这个角色的无奈和不甘。这个剧本，她又爱又恨。

另一个剧本，应该就是对自己有知遇之恩的那位女领导吧。提携木子的时候，她四十多岁，正是一个建筑师最好的时候。她是中国第一批出去读建筑专业的大学生，在美国工作了十多年。看到中国的建筑业方兴未艾，她从国外回来，进入设计院。

她给木子讲过自己在美国求学的经历。她出国一直想追随一位建筑大师学习，但这个老师偏偏有个潜规则——不收中国人。因为他觉得中国人缺乏国际视野，审美不够。但她偏不信这个邪，就跑到老师上课的教室外面听。她在老师的教室外连续坐了七节课，才被允许进教室旁听，还不算学分。刚出国听力差，专业的内容什么都听不懂，她就用录音机录下所有内容，晚上一遍一遍地听，不懂的就去图书馆查。

有一次上课，老师讲到欧洲建筑史，提到拜占庭建筑的演变。他问班上的同学，你们知道什么是希腊十字架吗？问了一圈，大家都摇头。旁听的她举了手，详细地解释了拜占庭建筑从哥特式的十字架转向希腊十字架的过程。听完她的正确答案，老师没表示什么，只是对周围的人说："你看，一个东方人讲出了你们的文化。"下课以后，老师走过来告诉她，明天可以正式来上课了。

这个故事木子记得很深很深。从那天开始，她希望未来能成为这样顽强、专业、有国际视野的建筑设计师。

最后，当然就是 May 的故事了。May 的大女主故事，也很惹人羡慕。其实，木子不羡慕 May 的钱和社会地位，而是这些背后一个人的自由。毕竟，谁不想要自由自在的生活呢？

木子心里逐渐清晰，她脑子里至少有三个剧本：为家庭付出所有的外婆，专业又坚韧的女领导，还有自由自在的 May。

过去这些年，每到关键节点，这些剧本就会跳出来，指引她走一段路。现在，她要创造自己的人生剧本。她这个第一次当人生导演的人，该如何创作自己的剧本呢？

这几个人生故事，胖子听得啧啧称奇。尤其讲到那位女建筑师的求学经历，胖子感叹："真的是**心力所指，所向披靡。**"

说完，他正色道："你自己的未来剧本，就在这些故事里。如果从每个人身上提炼出一个优点或者成就，你会怎么选呢？"

木子想了十多分钟，写下她提炼的人生关键词：

1. 外婆的关键词，是"爱"。我希望自己像外婆一样，能够照顾好一家人。能让家里的人，让宝宝一直感觉到爱，一想起家，就有宁静幸福的感觉。
2. 女领导的关键词，是"智慧和坚韧"。我希望自己能在一个领域，一直精进下去，遇到再大的困难，也能勇敢面对，永不放弃。
3. May 的关键词，是"自由"。我希望自己有自由自在的时间，有一定的财力可以去全世界看看。

胖子又问："如果在每个人身上，要躲开一些你最不喜欢的点，你又会怎么写呢？"

下面是木子的答案：

1. 外婆的是"隐忍"。过度的隐忍是怯弱。

2. May 的是"孤独"。作为她的闺蜜，我知道 May 其实一直是个很孤独的人。她看不起男性，但又不得不用男性的方式获胜，所以，她很害怕衰老，需要赚很多钱，这样她似乎才感觉安全。

3. 女领导……（木子发现，除了专业以外，自己对她了解得并不深入，没有写。）

胖子请她把这些词，也抄在一张餐巾纸上，试着写成一句话，用"我"开头，作为剧本的主题。

这个问题更难了，木子想了二十多分钟，修修改改，划掉又重写，最后这句话变得越来越有力量：

我的人生主题

我，木子，要成为一个智慧、坚韧、能给予身边人真正的爱的人。

在这段旅途里，我会永远保持着内心的自由。

"这是一个多么美丽的主题，木子。"胖子用一种低沉又坚定的语气说，像个念咒语的巫师。他的眼光穿过木子，似乎已经看见木子的未来，"照着这个主题演下去，你的人生将会无比精彩。你的决定应该也已经浮现。"

"不过接下来，你可能需要一些剧本素材。"

胖子递过打折卡："欢迎再来。"

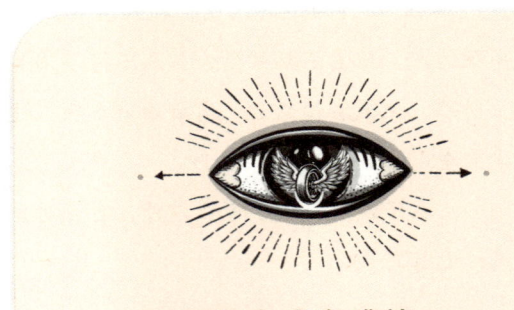

不上班咖啡馆

觉醒卡・人生剧本

* 我们所有的行为，都是"剧本—角色—价值观—能力—行动"决定的，我们能改变这剧本。
* 自上而下的改变是强力的，自下而上的改变是短期的。
* 你的人生剧本，其实是很多身边人的人生故事的组合再创。
* 女性如果要写小说，她就必须有钱，还有一间属于自己的房间。
* 好的人生玩家在角色顺利的时候，深深入戏；但当角色受挫，能跳出游戏，改写剧本。
* 写出你最想成为的三个人，分别写出在他们身上，你喜欢和不喜欢的部分。
* 总结以上，创造出自己的人生主题。

GOGOGO

（1）试试看，列出自己的人生关键词，然后组合成自己的人生主题句。

（2）如果你可以成为历史或神话里的任何一个人，过一段他的生活，你会希望是谁的什么阶段？为什么？

（3）把他们都写下来，记得，不要用脑子想，写下来。

1. 完成上述任意一项任务，可免费获得"可以不上班"咖啡一杯。有效期 15 天。
2. 店主胖子拥有一切解释权。

10

什么拯救过你，就用它来拯救这个世界

金融街最繁华的十字路口有座 SOSO 购物中心，从正门进去，直梯上十二楼，就到了小黄上班的地方——一家瑜伽中心。木子在这里，见到了穿着淡紫色瑜伽服的小黄，她是个爽朗爱笑的女孩，看到她，你会想起春天路边那些挺拔的白杨树，干净轻盈，柔软有力。木子两年没见人，正有点忐忑，却被小黄一下子融化了。

这家瑜伽馆会做生意，午间安排了瑜伽课，还自带餐食，吸引了很多白领午间来练。小黄下午两点下课，三点半要去幼儿园接娃，其间休息一小时，她们就在瑜伽教室里，像多年老友一样，脱了鞋盘腿坐在地上聊天，放松极了。木子告诉小黄，胖子让她来给自己的人生剧本找素材。

"你也去过那个咖啡馆啊，胖子特别逗是吧。其实，我和你的情况有点像。"小黄说。

"我是上班八年后生的孩子。我以前做销售，虽然业绩一直还不错，但我知道自己实在是有点倦怠了。我有能力，但是没能量了，正好年龄也到了，就想着先回家生个娃再说。后来孩子出生了，虽然有婆婆帮忙，但我还是忙得团团转，一直到孩子三岁上幼儿园，我才有点自己的时间。

"我一开始还挺开心的，这里待待，那里逛逛。一直到有一天，孩子回来要填写家庭情况调查表，爸爸一栏写了经理，到妈妈一栏，我填了无业，心里很不是滋味。再加上我一个闺蜜离婚了，我意识到，女人经济不独立，自己就很难独立。我想好了，要出去做点事情。但是我能做点什么呢？"

"我也经历过这个阶段，"木子说，"一打开电脑，到处都是各种副业，什么'全职妈妈，时间灵活，月入八千，没有门槛……'我也上过几个课程，等上完才发现哪里有这么多好机会，很多都在割韭菜。"

"你还算好的，"小黄说，"我是学了个理财课，出去炒股票，亏了十多万，在家里更加觉得抬不起头了。所以，那天我莫名其妙地走进咖啡馆，遇到了胖子。他问了我一个问题——**如果向外找不到，为什么不向内挖掘自己的'个人议题'？**"

"什么是个人议题？"木子问，她隐隐约约感觉，自己的答案也在里面。

"我也这么问他。胖子说，个人议题就是很多你的人生想解决或者已经解决的重要话题，可能是你好奇的一个问题，一个未尽的心愿，但更多时候，是你刚刚把自己从坑里捞出来，从而想帮助更多人跳出的坑。胖子当时问我，'**什么拯救过你，就用它去拯救这个世界**。你有什么拯救过自己，也想用来拯救别人的事吗？'

"他这么一问，我倒想起来一件事。我是易胖体质，产后突然发胖，从九十斤胖到最高将近一百四十多斤，那个时候朋友过来看我，虽然她们不说，但那眼神的意思都是，'我的天，这个胖子真是你吗？'我自卑得不敢出门，不想见任何人。"

木子上下看看面前的小黄，一米六八的个子，脖子修长，身材匀称，腿长又有力，一张小圆脸微微泛红，还带点雀斑。别说看不出来她曾经一百四，甚至根本看不出来她生过娃。运动不仅改变了体重，也改变了气质。

"后来，朋友介绍我去产后体型修复，我也就接触到了瑜伽。我很喜欢瑜伽，每次做瑜伽，我总感觉到深深的宁静，老师也夸我，说我悟性不错。因为我小时候就学过舞蹈，舞蹈老师说过，我身体很软，底子很好，后来因为学业紧张就没再去了……最后，我产后六个月，减了四十斤。想到这，我就意识到，瑜伽会不会是我的个人议题呢？我是不是可以开瑜伽馆？"

"所以你就开了这家瑜伽馆？"木子很兴奋，这个故事好传奇。

"没有没有，这是人家的场馆啦。"小黄摆摆手，皱着鼻子笑，"我做销售出身，知道生意难做。胖子也建议我去找我的人生素材，所以我拜访了几个做瑜伽馆的老板，还有我的教练。我发现,瑜伽馆老板其实是个经营性的工作,和瑜伽本身没啥关系,那些销售、管理工作,我早就干烦啦。瑜伽教练才接近我想做的事——带着大家做瑜伽,自己也能不断地精进专业。

"但是,教练不是那么好当的,好的教练,基本是专业瑜伽+运动医学+营养师,最好再来点舞蹈底子,还要有客户资源,所以我选择来这里做助教,准备用两年时间,慢慢成为一个好教练,我也同时在做自媒体,慢慢积累自己的客户。过去,瑜伽把我从糟糕的生活里救了出来,我愿意用它来帮助更多人,这就是我的个人议题。"

什么拯救过我,就用什么拯救世界,原来这句话是这个意思。木子想,她拿过一个瑜伽球,抱在胸前,下巴顶在上面,继续追问:"我也想过做自媒体啊,但是我很惶恐,总觉得自己不专业。从个人议题出发,专业不就全丢了吗?你怎么能让自己显得很专业,能做自媒体呢?我觉得那倒是专家要做的事。"

"和你一样,我一开始也很惶恐,但慢慢发现,这就是个人议题的妙处。虽然在瑜伽、营养学方面我不是最专业的,但是对于普通大众来说已经够用了。而且,因为我自己是这么走过来的,有所体验,所以,在某些具体问题上,我对这群妈妈的理解,甚至比我的老师都要深。

"因此,你要坚信,你并不孤独,你遇到的问题,也是这个世界上很多很多人的问题,你诚心帮助他们去解决就好。"

木子有点感悟了。**如果向外找不到,不妨向内找自己的人生议题,往往能触达到更多同路人。**

那,我也有可能从个人议题入手吗?她想着,突然一个问题冒上来。

"你能这么做,是不是家人很支持你啊?"木子问,"你做这个收入也不高,还占用时间,你婆婆不会说你吗?"

"哈,你可能想象不到,我们家以前,更加鸡飞狗跳。老公总觉得我学这些仙里仙气的,不理解我,婆婆怪我不带孩子,我自己觉得很委屈。但是我要出来学习,也的确需要他们支持。

"我从瑜伽里悟出来一个解决之道。"小黄得意地跳起来,做了一个瑜伽动作,她左脚单脚站立,身体平行于地面,双手、身体和右腿,变成一条直线,像是个从地面长出来的字母T。

"这叫作战士三式,是个很著名的瑜伽体式,我一直做不成。我的老师告诉我,这是因为动作不仅要有力量,还要有协调,她反复强调:**平衡是一种能力。**

"那天,我跟家里人大吵一架,心烦意乱,想出来平静一下。老师说,要专注呼吸,找到自己的重心,慢慢把力量往核心集中。不断调整手、头、脚的感觉,形成一个整体。仅靠一处发力是没法平衡的。我突然意识到,这和我的现状一样——

"一个人的力量是没法带娃的,我需要把资源整合起来。我把资源分成三种:自己、人力、财力。首先是自己,我的能力和时间资源都要提升,能力要升级,时间要管理好。然后是人力资源，身边有什么人可以帮助我呢？能不能好好和老公、婆婆沟通？自己的父母能帮忙吗？或者，能出一部分保姆的钱吗？有没有朋友可以帮我？有什么机构能帮我？总之，不是直接要资源，而是不断地创造、挖掘身边的资源。最后是财务，我盘点了整体的财务状况，比如，我每个月要花多少钱？有什么能用钱买到的时间吗？我能有什么方式创造更多收入吗？

"梳理一下，我发现自己还是有很多资源的。我和老公开了一个'家庭会议'，一起讨论了家里的很多议题。另外，我还找了个不错的家政公司，他们给我推荐了一位阿姨。我全心全意对她，她已经在我们家四年啦，很稳定。

"资源增加了，生活会轻松很多。然后是'管理欲望'，当妈妈的欲望，常常不是物欲，而是每个角色对你的期待——孩子希望你在身边，老公希望你陪他，老板希望你努力工作，你希望自己有空间——所以重要的不是降低欲望，而是管理、协调这些预期。

"我开始练习自己的平衡力，找这些期待的'协调点'。慢慢地，我找到很多方式把时间叠加起来，让一份时间有多重意义——比如说，吃饭安排好了，可以是吃饭，也可以同时是拓展人脉，也可以是带孩子玩，还可以是温习营养学的机会。教瑜伽，可以是赚钱，也同时是拓展市场、自我实现，也是我做自媒体的素材，如果可以发动老公帮我拍，这还是夫妻交流的机会。我把这些方式，命名为自己的'妈妈体式'，是我的一种平衡方式。

"平衡是一种能力。现在,我能做好这些体式了,而且站得稳稳的。现在的我,虽然赚得不多,但是大家都对我挺满意。以前,我做事的时候,觉得对不起孩子;回家带孩子,又觉得对不起自己的这点宝贵时间。工作赚多点,太卷;赚少点,我又觉得老公一个人打拼太辛苦。每个角色都做不好,所以我经常莫名其妙大发脾气。

"但现在,我的天赋、热情、工作、各种角色都安排得很好,我心里没有内耗,虽然赚得没有以前多,但天天开开心心的,自己开心,大家自然就都很开心。于是,大家都说:'求你了,千万别上班,好好练瑜伽,我们都喜欢现在的你。'"

这也太厉害了吧!我该从哪里开始呢?木子想。

小黄似乎看出了木子的担忧,说:"当然啦,瑜伽最重要的一点,就是不能着急——做不到,就不要勉强,但只要坚持下去,慢慢地你就不知不觉做到了。"她微笑着补上一句,"我做这些用了三年,你知道了套路,肯定比我做得又快又好!是吧!"

最后,小黄带木子做了一个放松,伴随着引导,木子平躺在垫子上,双手向上,双腿伸直,把自己完全交给地面。木子好久好久没有这样平静过,竟然睡着了。等醒来,小黄已经接娃去了,在木子身边留下一张小小的卡片。

起身以后,她按照小黄教的,把手放到胸口,做了一个合十礼，口中轻念一句瑜伽的结束语"Namaste"[1]，向她告别。

小黄的家庭会谈卡

可以一起和家人聊的八个问题：

1. 我们家庭未来的财务目标是什么？各自的职业理想是什么？
2. 双方收入状态怎么样？是否能达到财务目标？需要多久？
3. 准备给孩子提供什么样的教育环境？今后如何照顾年迈的父母？
4. 我们需要为今后的生活做什么样的储备计划？如何分工？
5. 家里目前的财务状况如何？
6. 父母是否可以帮忙分担？是否能承担钟点工或者保姆的费用？
7. 公司周边能提供什么生活便利？
8. 事业成长空间如何？各自需要投入多少时间和精力？

提醒：

1. 专门设计一个大家都相对空闲的时间，最好可以换个场景，比如找家咖啡馆，大家平静地聊。
2. 话题不用追求一次聊完，可以每次聊一个，用以开启话

1　Namaste：瑜伽礼仪中的敬语，意思是，以我心中的光，向你心中的光致敬。

题就好。重要的是开始聊。

3.谋求沟通，而不是共识。没有共识很正常，无法沟通也是常态。知道没共识是共识的一部分；发现没法沟通，也是沟通的一部分。

4.让对方先说，并认真地听，五分钟内不要打断，尽量不要评价。

11

生娃也能弯道超车

"聊得怎么样?"

木子回到咖啡馆,打开门,胖子好像早就知道她的行程。笑嘻嘻地问,"见到小黄了吗?有没有一起说我什么坏话?"

"我们都觉得,你满嘴跑火车,特别不靠谱。"木子开玩笑,"她说你帮她找到人生议题,对她帮助很大。"

"那你的收获呢?"胖子问。

木子转了转眼睛:"小黄从个人经验中找到自己的议题,这对我很有启发。不过我的专业方向很确定。我还是希望做建筑设计师,只是担心过了这么久,自己生娃三年傻,技能都生疏了,跟不上市场了。不过,看着她,我知道自己以后退休能干什么了。"

"是的,只要行动,总有收获。"胖子说,"所以,再来一个如何?"胖子在餐巾纸下,写下另一个号码。

木子拨通电话,那头传来一个温婉好听的中年女性声音:

"啊，胖子和我说过你，我明天下午就有空，快来。"

第二天中午，按照小红的地址，木子开车来到了城郊的一个小院子。院子在昌平画家村。一进院子，就是另外一个天地。院子左边是小鱼池，右边是花坛，正面是四个开间的小平房，四周被竹子围绕，木子整个人都平静下来。

房间的墙上贴满了各种海报，木子记得，她曾经在地铁和电视上见过。当时她就觉得，这些文案特别妙，让她印象深刻。

"您是一个广告爱好者吗？"两人坐下，木子问。

小红笑笑，"这都是我写的。"

天，原来是她！她是非常著名的广告人，广告行业的大神！木子突然觉得有些惶恐，活在书上的人物，在这里见到了，她也去过不上班咖啡馆吗？木子鼓起勇气，提出自己的问题。

"我一直是特别喜欢上班的类型，不是为了赚钱，是真的喜欢。"小红说，"我每天都第一个到公司，最晚一个走。新人进来，我会坐在旁边，一点点教他们怎么改文案的每一个字。上班路上，我会一直在脑子里过自己的提案，经常会差点撞到路人那种。没有工作，我常常会觉得自己站在旷野上，无依无靠。所以在没有走进不上班咖啡馆之前，我就觉得，年纪到了，赶紧生个娃，再赶紧回去继续上班就好。"

木子没想到，名声赫赫的小红这么亲切真诚，她开始有点喜欢眼前这个人了。

"但胖子说：'你这么喜欢工作，你有没有想过，**做些什么，就能让生娃从障碍，变成一个机会？**'说实话，我从来没这么想过，我觉得生娃是个人生必经项目，赶紧完成任务，回去上班就好。"

"谁来照顾宝宝呢？"木子忍不住问。

"老莫啊，我老公是个艺术家，他是个神仙，不问世事，每天就喜欢画画、捣鼓音响什么的。而且他喜欢孩子，女儿小时候，主要他带。"

小红继续说："不过胖子这么一问，我突然意识到，如果我计划离开工作一年，从怀孕开始，老板、客户也会调整预期，给我减活儿。这会让我有一年多的空间，可以学点自己想学的东西。但是这也意味着我会远离市场，远离一线，失去手感，势必会降低我的竞争力。这让我陷入一个两难的困局。

"就是在这个时候，胖子问了我一个问题。"

"什么问题？"和胖子认识越久，木子就越意识到，问题比答案更重要。她的重要变化，都是在这些问题下，自己找到答案的。

"胖子问：'利用这段时间，你能做点什么，反而能超越你的同行呢？'

"奇怪，好问题一提出，好答案就源源不绝！我想到了，那就是未来的工作技能。你知道，我们这行变化很快。大家都在一线忙得要死，没什么时间学习新技能。如果我有一年时间，能不能不跟着他们走，而是提前学弯道超车的技能，跑到趋势前面等着他们呢？

"那几年，我清晰地看到，文字在变成图片，图片在变成短视频，我一直希望能走到短视频领域去。另外，如果要走得更深，我还希望系统地学习艺术史。"

木子心里暗暗感叹，还没生娃，就提前计划好了复出，脱离工作反而变成了提升机会，人家成功真是有道理的。

"我一边备孕，一边先做了复出计划，我列出自己想读的书、想学的课程、想拜访的人。我对自己说，**工作可以停，但三件事不能停：要持续地学习、见人、输出**。那几个月，虽然身体上难受，但我的生活反而是更充实的。等我产后复出的时候，我自己的账号也做完了，还去拜访了很多以前我带出来的，目前在短视频领域做得很好的小朋友。我把这些给老板看，他大喜过望，正好有很多项目，他搞不定。这样，我的弯道超车，也就完成了。"小红继续说。

"我太佩服你了！"木子说，"我，还有身边大部分人，光是生娃带娃就让我们焦头烂额，你怎么会有这么多精力呢？"

"哈佛幸福课的讲者沙哈尔说：'我没法教你什么新东西，只能提醒你一些你已经学会的。'我这里也都是老生常谈，管理好自己的时间，多找别人帮忙……**其实最重要的，是心力，是找到自己真心喜欢的事**。我身边也有很多闺蜜产后抑郁，我意识到，生孩子以后最痛苦的还不是累，而是突然丢失掉一切身份，被孩子牢牢绑住的感觉，那个才是最恐怖的。不过，孩子塞不回去啊。每天学点自己喜欢的东西，就好像在黑夜里找到了绳子，只要往前走一段，就很心安。我没有遇到产后抑郁，也没有回归受挫，反而路越来越宽了。"小红说。

"这也太完美了吧！"木子感叹，"我真想知道自己想要的是什么。"

"你会找到的，问问你的前辈们，他们会告诉你行业的未来技能。"小红笑着说。

"不过你可别学我。一切都以工作为中心，也并不完美。我是那种做事一根筋，一次只能做一件事的人，所以平衡对我这种人来说，就是个神话。孩子上小学时我完全没管过，老莫更加是放羊。女儿现在十多岁了，不爱上学，有段时间都抑郁了，这都是我以前欠的功课。所以我停止了工作，搬来这里全心全意地陪她。"

"所以，如果再来一次，你会花更多时间陪孩子吧？"木子有些同情地问。

"不，我不后悔。这就是我的脾性。我是一个极致的人，工作就极致地工作，现在，我就是要极致地陪她。"

那个下午，她们一起喝了很好喝的正山小种，看了老莫收藏的画。出小院的时候，小红的女儿正在看着一朵花发呆。她们俩轻步走过，没有打扰。

完美，其实就是接受自己的不完美。开车回去的路上，木子的心情似乎又好了很多。而此刻，木子非常坚定：我要复出，重新杀回设计师生涯！

12

万花筒生涯：真我、挑战、平衡

接下来的三个月里，木子做了很多准备：把女儿上幼儿园的事提前安置好，开始找自己的弯道超车能力，她慢慢锁定了别墅的全屋设计，现在大面积买房、装修的需求少了，但个性化的高档别墅设计还很有市场，这也是木子希望发挥的空间。她学习了很多这方面的知识，重新改了简历，发动了老同事、老领导。不到五周，就陆陆续续收到几个面试机会。

不过，面试了才知道，别墅的全屋设计师需要大量地熬夜反复改稿，施工阶段又需要经常实地勘查。要规律回家带孩子的木子，根本做不了全职，只能自降半格，做设计助理。有个很心仪的公司，却要横跨整个北京通勤，她只能忍痛放弃。选来选去，选中当前这家公司，离家不远，每天能准时下班，收入不算高，但五险一金齐全，老板也是熟人，是前领导的一位同事。

好了，要过上每天被梦想叫醒的日子了！

五点二十分，没被梦想叫醒，也没被闹钟叫醒，木子却先被焦虑叫醒了。

老赵一边吃早餐，一边各种叮嘱，木子都没怎么听，她满脑子都是事——怎么跟领导和同事打招呼？怎么和客户交流？上午该干吗？木子试着在心里排练，可发现脑子里还都是瓶瓶罐罐、鸡毛蒜皮的家务场景。两年没工作，我能适应吗？孩子会不会想妈妈？出门前，孩子还哭了一大场。但一想起要成为一个"智慧、坚韧、自由"的人，让自己独立起来，让佳一以自己为荣，木子又鼓起了勇气。

自认为和社会没脱节，但第一天上班，她还是彻底蒙了。

HR让她简单签了几个合同，带她见了一圈同事，就把她扔在工位上。领导正忙，只丢给她一本厚厚的项目手册，让她先熟悉一下。下午项目对接会上，大家聊得热火朝天，只有木子在不断走神。到了后半段，她完全不知道大家在争辩什么，只是忍不住地想，宝宝还好吗？有没有想妈妈？

最后，领导循例问她，有什么意见没有？她听见自己用很小很小的声音说："我刚来，没什么意见，我多学习。"那个从不打稿就能侃侃而谈的木子去哪了？木子引以为豪的记忆力，似乎也失效了，她随时带个小本本，有什么事情就记在上面，生怕自己忘记。

下午，主设计师让她去打印图纸，她站在打印机前三分钟，愣是没有搞明白新款的打印机怎么用。最后，还是组里的同事接过来说："没事，我教你。"木子愣愣地站在打印机前，她觉得自己被时光拽着头发，拖回到大学刚毕业的状态，但定睛一看，自己已经一把年纪，连大学生都不如，简直是个废物。

不过，世界对于妈妈复出的恶意，不止于此。过了几天，女儿三十九度高烧，木子不好请假，老公只好请假回家，带着阿姨和孩子去医院。就连木子妈妈也发来短信说："小宝宝怎样了？这么着急工作干什么啊？"木子心里内疚极了。妈妈离不开宝宝，宝宝也不适应离开妈妈吧。

我真的准备好了吗？我是不是不适合工作啊？

木子躺在床上，看着天花板睡不着。

明天早上，我还应该继续去上班吗？

滴滴滴……

后车喇叭的催促打断了木子的沉思，在驾驶座上回过神来，木子才发现，只是因为前车移动了两米，她没跟上。着急什么呢？不都是还在这里堵着呢吗？木子一边心里骂司机，一边揉揉自己发疼的太阳穴。她在下班的车流里，已经堵了快四十分钟了。

上班一个月了，她逐渐适应了工作。最明显的变化，就是她话越来越多了，她会主动和同事聊天，开会时候，那个滔滔不绝的木子也回来了。一次会议上对于设计的建议，还获得了客户的夸奖。

不过，当焦虑像潮水般退去，内疚的礁石却越来越显眼。

每天出门前和宝宝的告别，像是生离死别。她上班无数次地看家里的监控，看看宝宝怎么样了，时不时地，还偷偷哭一场。回到家里,赶紧亲一会儿、抱一会儿孩子。孩子晚上八点多睡着,木子自己也常常昏睡过去(老赵经常开玩笑说,妈妈不是哄睡,而是领睡)。这时如果公司还有事,重新爬起来工作简直比没睡还难受。更糟糕的是,木子发现自己在变成一个宠溺的妈妈——以前约定好的纪律和边界,比如什么时候上床,能不能吃糖等,她都没法再坚持。心里的内疚感总对她说:妈妈不在身边的宝宝好可怜啊,就容她一次吧。

但是木子没准备去找胖子。一个大男人,也不带娃,能懂个啥呢?如果不是今天超市打折采购,正好在附近,她也不会突发奇想过去看看,还被堵在这车流里。

好不容易走进咖啡馆,已是晚上九点多。木子念着孩子,咖啡也不喝了,打了个招呼就要走。胖子却非要挽留:"别走别走,我刚调试了一款新咖啡'平衡之道',帮我试试,喝完再走也不迟。"

"唉,平衡个啥啊,我现在发现了,平衡就是个神话,根本不可能。"木子晃着咖啡,幽幽地叹气,"你知道吗,最近公司接了一个崇明岛的别墅项目,我特别想参加,但是必须要出差一个月,我要带娃,根本就不现实。最后,我就让给一个男同事了。这样下去,我根本不可能升职加薪。胖子,你作为男人的叛徒,说句公道话——我觉得职场就是歧视我们女性。我们又要发展,又要顾家,还想自己做点事。但我们又不会分身术,这怎么可能?"

"小声点,不是说好了不往外说的吗?"胖子急了,"公道地说,职场对女性的确挺不公平的,而且这些不公平,不在纸面上,而在文化里。你知道那个女生状告教育厅的事件吗?"

胖子说的这件事已经发生很久了,表面上看,是个普通的性别歧视的投诉,但因为双方身份特殊——维权者是一位女大学生,而被投诉的对象是某教育局——在当时热度很高。木子也有所耳闻。

"当时教育局发了一个通知,特招五百名男性师范生,学费全免。而这位女学生觉得自己权益受损,所以实名举报,形成社会轰动。教育局也非常委屈,解释说因为教育系统内男性太少,尤其是幼师体系,很多家长投诉幼儿园'阳刚不足',所以才采取这一措施,觉得自己并无过错。支持女生的一方则觉得,教育资源人人平等。高校会不会因为一些专业女生太少,就放低门槛,学费全免?当然不会!为什么对男生网开一面?两边争执不下。"

"其实他们都没说到点子上。"木子心直口快,"男生不去做幼儿园老师,根本原因在于出路不好。因为幼师工资低,福利差,而男生要养家糊口,如果不提高教师的社会地位和福利待遇,即使培养出男教师,也大概率留不住。小学和幼儿园教师女性比例高,本身就是性别歧视带来的结果。如果认为教师队伍男性比例偏低,必须要把整个行业变得有吸引力。"

"你说得对。在法国,小学教师的待遇就很高,哲学家萨特、前总统蓬皮杜都是巴黎高师毕业,还考过教师资格证。"胖子点点头,"不过,为什么在国内现在待遇不高,还有很多女性愿意进入这行呢?"

"还不是因为传统的男性思想!师范生免费就读,有些家长觉得省钱,让女孩读个书就完了。还有些家长觉得,女生细心、会照顾人,适合当老师,而且女孩负责照顾家庭,自己当老师,还能教孩子,以后结婚的时候,议价能力高。"木子简直越讲越气愤,"这全都是你们男性视角下的产物。男女貌似平等,实际上却掩盖了真正的不公平!"

"别别别,我叛变了我叛变了。"胖子连忙摇手,"比不公平更可怕的,是表面的、息事宁人的公平。其实,不是所有的男性都这么想的。但是你看,这其实不是一个招生免不免费的问题,而是就业问题。哎呀,也不是就业问题,而是整个社会对女性的观点问题。甚至,这不仅仅是社会问题,也是女性自己如何看待这个故事的问题。所以要解决问题,更重要的是解决社会的相关观念。"胖子激动地双手比画了半天,又指指自己的太阳穴,"是我们脑子里的观念。"

木子冷静下来,觉得胖子说得有道理。May 就是一个"女权斗士",但是她只是用男人的方式战胜了男人,看上去赢了,但自己也孤独焦虑一身伤。而社会对于女性的看法,并没有改变。她看不起没能力的男性,甚至也看不起生育的女性,这和男性对女性的歧视有什么区别呢?

"那该怎么办呢?用男人的方式玩职场,我们根本没机会赢。"

"**如果一个故事就算你竭尽全力都注定失败，那它就不是个适合你的故事。**"胖子说，"为什么你不换个故事呢？"

"职场能有什么新故事呢？无非是升职加薪或者专业大神，走上人生巅峰。"

"当然有啊，比如'万花筒生涯'，一种新的生涯发展模型。这种观点认为，我们不要把职场看成是一个金字塔或战场，因为不可能所有人都能挤上那小得可怜的金字塔尖，这个游戏始终是几个人赢，一群人输。有没有一种所有人都能赢的职业生涯？我们能不能就在每个阶段、每个序列的每份工作里都充实，快乐，有成就呢？

"对了，你见过万花筒吗？我这里正好有一个。"

胖子在他身后的抽屉里翻找，终于在一堆小汽车模型后面，扒拉出一个万花筒。这个小圆筒现在在他手上，徐徐旋转。

"你看，万花筒之所以千变万化，因为里面有三种色片——红、黄、蓝。转动万花筒，通过棱镜，会展现出千变万化的图案。**人生也有三个要素，真我、挑战和平衡。真我就是真实地做自己，挑战意味着找到自己想要争取、精进的东西，平衡则意味着持续保持自我、家庭、社会的平衡。**

"在不同的人生阶段里，我们用不同的组合，体会不同的人生。比如这个阶段，孩子还需要你带，你寻求的是一种组合，这样的组合，有这样的美。但是到了孩子三岁上幼儿园，六岁上学，每个阶段，你的真我、平衡和挑战都会改变。到时候，你自然可以再转动万花筒，去接喜欢的项目，去挑战想挑战的事情。我们的人生也幻化出千变万化的状态,这样的个人发展故事,你会更喜欢吗?"

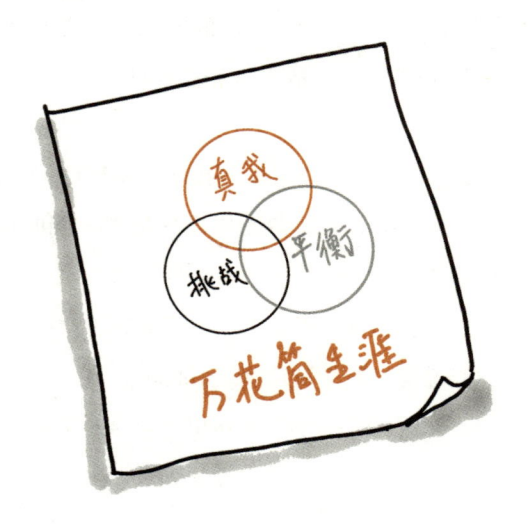

[图:真我、挑战、平衡 三个圆圈相交 —— 万花筒生涯]

木子从胖子手上接过万花筒,她把尾部对准灯光,徐徐旋转。里面的图案开始千变万化。小时候,她能一整个下午都玩儿这个游戏。那时她不明白,小小的万花筒里为什么会藏着无穷的图案?长大后,即使知道了原理,她还是着迷于这份神奇。

她突然想起,小红也许就代表"挑战",小黄是"平衡"的高手,而她自己则是"真我"的部分。三种力量透过真实世界的棱镜,会产生什么可能呢?是一切可能。

"所以,职场可以不是战场,而是……"木子放下万花筒,使劲找词,"是个游乐场?!"

"是的,如果你不喜欢升职加薪的故事,为什么不试试看这个故事呢？国外，已经有很多人实践万花筒生涯，退出竞争，选择围绕自己的人生工作。他们把这个叫'退出革命'（Opt-Out Revolt）。当越来越多人演绎出自己的万花筒，也许社会的相关观念，就会有所改变。这个故事，你喜欢吗？"

"我喜欢！"

人生不是战场，而是游乐场。我能在不同阶段，转动万花筒，根据真实的自我，选择自己热爱的挑战，同时保持平衡，这是我要的人生！

"那就好！"胖子指一指她手上的万花筒。

"下面我们说说，万花筒具体该怎么转。"

13

角色拥堵,重新调度

"你已经找到了人生主题,这是'真我';找到了喜欢的行业,这是'挑战'。现在重要的是找到自己的平衡。你也不是平衡不好,你是遇到了堵车。"胖子说,"不是刚才的堵车,而是**角色堵车,又叫角色拥堵**。"

木子问:"什么叫作角色拥堵?"

胖子随手抓起身后展柜里的一堆小汽车模型,在柜台上并排摆开,他拿起一辆红色小车,"这是你的一个角色,工作者。"他拿出另外一辆粉色的,说,"这个是第二个角色,女儿。在你二十五岁刚刚来到北京的时候,你的车道里,就只有两辆车。"

对啊,木子回想起自己二十五岁的时候,单身一人,下班了就约姐妹玩儿,想家了就买张车票去看看爸妈,真的无忧无虑。后来,遇到了老赵,多了一个"爱人"的角色,时间开始更多花在了两个人身上。再后来,"爱人"变成了"妻子",她要照顾的事更多了，除了老赵，还有老赵的父母。过年的时候，她还要陪老赵回老家看父母，吃完饭要赶紧刷碗表现一下，此刻她是"儿媳妇"。

想到这里，她也拿了一辆紫色的小模型车，放在红色、粉色的车旁边。"所以，妻子也是一个角色？"

"对的。现在孩子出生，你又多了一个角色——妈妈。"胖子又抓来一辆黄色小车，哦，不，一辆黄色小巴士模型，"二十五岁的时候，你的车道只有两辆车，清清爽爽。但三十三岁，八年以后，噔噔噔噔——你突然有了四个角色。前段时间，你还有第五个角色——儿媳妇，而且每个工作量都爆棚。"胖子说着，又拿出一辆自行车模型放到柜台上，然后摊开手，对着桌面做了一个"你看"的手势，那上面已经有一堆车了。

"现在，你试着摸摸它们？"胖子说。

木子拿起了代表"工作者"的红色小车，她马上听到一个声音！她吃惊地看看胖子。胖子把手放在耳边，示意她好好听。

那是自己的声音，年轻有朝气：

"我要努力工作，我要上进，我要成为业内最好的设计师，我要有自己的风格和个人品牌……"

然后是粉色的"女儿"：

"我要成为爸妈骄傲的女儿，我要带爸妈环游世界，我要在北京给他们买个房子，我要好好照顾他们……"

紫色的"妻子"说：

"我要和他一起幸福地慢慢变老，我要给他收拾得立立整整、照顾得健健康康、生活得滋滋润润。他一个人赚钱太辛苦了，我要为家里补贴点家用……"

当然还有黄色的"妈妈"：

"宝宝我好爱你啊，你太可爱了，妈妈好想一直陪着你，哪儿也不去。妈妈要给你最好的教育，存钱给你读最好的大学，希望你能嫁个好人，哦不，你要一辈子都陪着我，不离开我！算了，还是希望你能独立过上幸福的生活……"

想到这里，木子突然想起，自己还有"朋友"的角色，还有"休闲者"的角色（她太想安安静静地待一会儿了），还有"学生"的角色，什么时候能去读一个自己喜欢的心理学硕士呢？

胖子的话传过来，"这些车都想先过，都想占这车道，不仅要占，还要全占。你说，你这点小精力，怎么够呢？你不够。这就叫，角色拥堵——你这个导演，要拍的角色太多了，一个镜头装不下。"

"那有什么办法吗？"

"当然有。"胖子拿起一张餐巾纸，边写边说："口诀是，**让重要角色先走**。具体操作，你看看这四个问题。"

木子接过来一看：

未来三年里，让重要的角色先走。
1. 哪些角色是必需的？缺了你演不下去的？让她先走。
2. 哪些角色是你特别看重的？让她先走。
3. 哪些角色是你现在不演，未来也有机会演的？让她先等等。
4. 有一起上台的可能吗？

"有什么角色，是缺了我演不了的呢？"这个答案很明显，现阶段是：母亲。木子要自己陪伴孩子，这是她的原则。

"有什么角色，是我特别看重的呢？"这个回答木子很是挣扎了一下，"工作者"还是"妻子"？两个都好重要啊。她看向胖子。

胖子似乎看出了她的犹豫，"我们可以分开时段演，白天工作者上台，晚上妻子为重。当然，也会有人主演一个。试试看把时间拉长,推到极致,你选择哪个?"

如果把时间拉长,角色则是"设计师"和"妻子"。木子问自己,如果一定要选择一个身份:是做一个单身妈妈设计师,还是做贤妻良母永不工作?一个念头一闪而过,木子有点被自己的想法吓到了,她宁愿选择设计师。她心里深处,竟然和小红是一样的人!这可不能告诉老赵!

但转念一想,老赵似乎也是这样,为什么我不可以呢?

第三个问题,"哪些角色是我现在不演,未来也有机会演的?"这个答案也很明显——"女儿"的角色是可以先放放的,妈妈今年才六十二岁,不用自己管,她正兴致勃勃地准备和爸爸出去旅游呢,他们想过一段轻松的二人世界。"学生""朋友"的角色,也都可以放放,我要先保证好自己手头这份工作——先生存再发展。

所以,现在的排序很清晰了。母亲、设计师、休闲者、妻子、女儿、学生、朋友。这一次,她大胆地把休闲者放到了妻子前面——能量回流很重要。

"我希望有时间,可以抽空主动休息下,做妈妈和上班已经够累了,我先把自己休息好,才有更好的状态陪老公,否则都是怨气。"她对自己说,"至于陪父母旅游和读书,近三年不考虑了。"演员表砍了一大半,木子觉得自己人生这部大戏,一下子又好看起来。

"好奇怪,事没减少,心情倒是轻松了很多。"

胖子随手找了一块抹布,将其拧干:"你看,拧抹布这个动作,之所以累人,是因为它左右互搏,哪只手都赢不了。使劲拧,十秒钟都手抖。但很多人已经拧巴十年了,他们能不累吗?"

木子点头:"你说得对,我发现了,工作和带娃都累,但都比不上心累。这么一排,很多内疚就没有了。比如,公司那个崇明岛项目很诱人,但就是要出差,我既然首先要当妈妈,所以也就不要再纠结了。回家我需要休息,就先踏踏实实歇会儿,做点锻炼,也不用想是不是没尽到妻子的义务。"

"对的,**委曲求全,只有委屈,没有全。**"胖子大笑,"不过,木导,您进步很快哦,都懂'调度'啦。接下来我继续教一些角色调度的技巧吧。

"第一,要尽量给每个角色安排独角戏,因为质量比数量重要。陪孩子就全然陪孩子,不要脑子里还想着工作。同样,上班时间就踏踏实实工作,除非某些紧急情况,才切换身份。除此之外,你就好好扮演职场人。

"第二,角色之间有冲突、纠结,不是坏事,冲突让人生更好看。但故事该怎么走?你就回到这个角色排序来,让主角先走。"

木子点头,表示收到。

胖子说:"那最后,我们试试看排练一个大场面。这就是第四个问题:如果冲突的话,有整合的可能吗?"

这个问题,小黄的"妈妈体式"里教过。木子马上想到了很多:

- 周末,请老赵安排家庭出游,是整合母亲、休闲者、妻子的角色。
- 隔段时间,接妈妈家里来住一段日子,是母亲和女儿角色的整合。
- 和老赵一起学家庭教育课,是妈妈和妻子的整合。
- 等宝宝大一点,带她一起上一天班,给她讲讲妈妈做的事,是职场人和妈妈的整合。
- 组织公司妈妈聚会,是休闲者和母亲的角色整合,搞不好还能促进职业发展。

……

现在，木子的心像一块平铺的丝绸，平滑又舒展。因为舒展，很多好点子骨碌碌地冒出来，像丝绸上的珍珠到处乱转——太多资源可以整合，太多事可以做。

不过内心深处，她还有一丝的不满足：这样安排固然理性又有效，但总觉得还有一点遗憾，自己的全家环球游梦想，还有出国读书这些想法，都被排挤出去。她知道这是当下正确的选择，但是她还是很难过——这些梦想，难道就永远变成遗憾了吗？

过去的木子，也许就对自己说，算了吧。不过木子想起来，她还有一个主题——持续保持内心的自由。她把自己的遗憾告诉胖子，叹口气说："可能这就是人生吧。"

胖子对她的感悟不置可否，只是问：

"**别太早定义自己的人生，这样你会错过很多很多。**想象一下，如果按照你十八岁那年的梦想来活，是不是也很无趣？你还记得万花筒生涯吗？你有没有想过，这可能恰恰就是你的下一次转动，是你的续集创作计划呢？"

"对，重新找到下一个真我、挑战和平衡组合！你是说，我的这些角色，可以设计到未来，在下一个阶段，下下一个阶段实现吗？"

"当然可以！孩子到了六岁，妈妈的身份要退后，爸爸的角色要变多，你可以把更多时间分给'学习'；父母亲在六十到七十岁，体力还好，要抓紧时间环游世界，而他们需要你的时候，是在他们七十五岁以后，那时'女儿'的角色要顶上；在某个时间段，可能你'设计师'的角色需要大干一场，记得提前和老公、孩子打好预防针，'休闲者'时间也可以减少。

"有人画出过不同阶段的不同角色比例示意图——但是，这是别人的示意图。你是你自己人生的导演，你要有一个自己说了算的人生。"

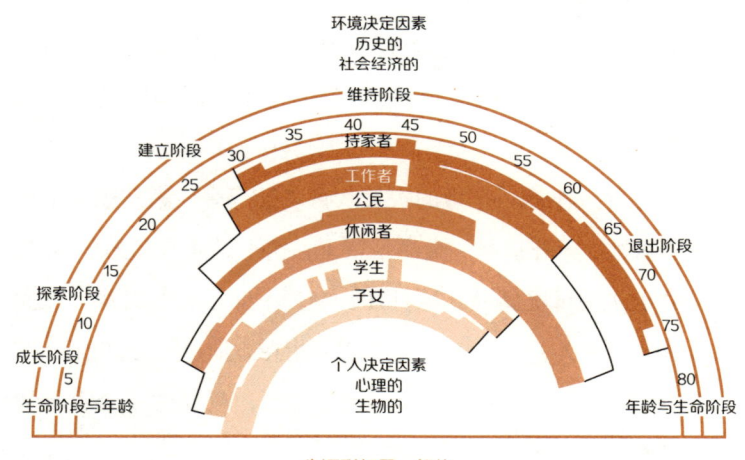

生涯彩虹图　舒伯

"太妙了！"木子兴奋地站了起来，"小黄教会我平衡，小红教会我把问题变成机会。我成为不了她们，但我能用她们的故事，演出我自己的人生。现在，我又有了这个万花筒，我可以一次次地设计自己的未来。"

"对啊，再完美的故事，也不是你的。如果你不喜欢现在的，为什么不自己编一个？"胖子说，"木子，你是个好导演。

你要做的，只是从别人的故事里醒来。"

醒来！
从看不见的女人的梦里醒来。
从全职妈妈的苦役里醒来。
从委曲求全的好人里醒来。
从固化的女性剧本里醒来……

短短半年，木子的生活看上去似乎没有什么改变，但她内心越来越清醒，看到了种种角色的快乐，看到了世界的无限可能。

夜风涌入车厢，把她的头发吹得飞扬起来。副驾驶座上放着胖子送她的万花筒和一盒烘焙饼干，饼干做成了摩托车形状，这是胖子送的试吃新品。她打开音响，不知道什么时候，歌曲从《后来》变成了《勇气》。木子用手指在方向盘上轻打拍子。

"爱真的需要勇气，来面对流言蜚语，只要你一个眼神肯定，我的爱就有意义……"

木子跟着哼唱起来。

不上班咖啡馆

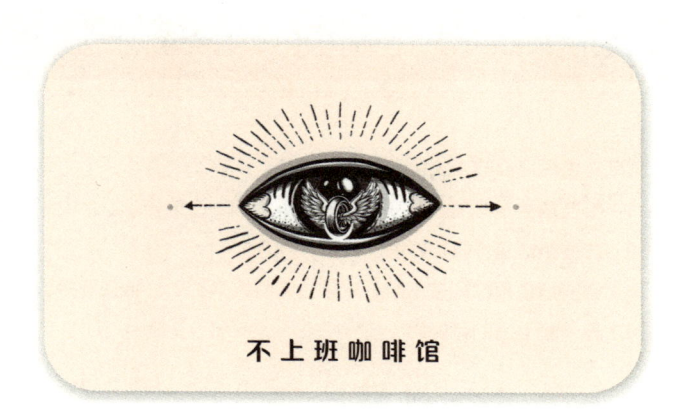

觉醒卡·角色平衡

* 如果向外找不到，试试看向内找到自己的人生议题。
* 如果你有清晰的发展方向，生娃期间学习些弯道超车的行业技能。
* 职场上男女貌似平等的规则，实际上却掩盖了真正的不公平。
* 职业生涯不是一次次冲击职业金字塔顶端的战斗，而是不断组合真我、挑战和平衡的万花筒生涯。
* 28～35岁，是人生最容易"角色拥堵"的时候。
* 让重要的角色先走。
* 人生不是战场，而是游乐场。

GOGOGO

试试看盘点自己的人生角色，问问自己，未来三到五年：

（1）哪些角色是必需的？缺了你演不下去的？让他先走。

（2）哪些角色是你特别看重的？让他先走。

（3）哪些角色是你现在不演，未来也有机会演的？让他先等等。

（4）有一起上台的可能吗？

1. 完成上述任意一项任务，可免费获得"可以不上班"咖啡一杯。有效期 15 天。
2. 店主胖子拥有一切解释权。

14

一匹小红马

几天后的一个晚上,女儿在客厅里突然大叫:"妈妈妈妈,这是什么?"

木子一看,小家伙左手举着半截摩托车饼干,右手挥舞着一张小纸条。自从这小家伙两岁多,家里的零食已经藏不住了。

这是那种藏在饼干里的小纸条,展开有手掌大小。正面依然是胖子的觉醒之眼,翻过纸面,是胖子写的一段话:

> 木子,看到这些文字。你的人生大幕已经徐徐展开,这次是你喜欢的故事吧。智慧、坚韧、真正的爱,以及保持心中的自由——你写了这么好的人生故事,我也有个故事想讲给你听。
>
> 在很久很久以前的一个寒冷的冬天,一个遥远的小镇里,农夫吃掉了所有粮食,最后不得不杀掉他养的三只

动物：猪、牛和最喜欢的小红马。

他特别内疚，于是答应满足每只动物最后一个愿望。
他问猪："对不起，我要杀了你，你有什么愿望呢？"
猪说："我希望饱餐一顿。"猪获得了最后的麦糠。

过了几天，食物又没了。
农夫只好问牛："对不起，我只好杀了你，你有什么愿望呢？"
牛说："我希望休息几天。"牛获得了三天的休息。

最后，农夫不得不找到小红马。
"小红马，我只好杀了你了，那你想要实现什么愿望呢？"

你猜，小红马许了什么愿望呢？

小红马想了想，说：
"我不喜欢这个故事，我要去别的故事啦！"
小红马从故事里醒来，撒开蹄子，跑进旷野去了。

你就是那匹小红马。
现在，从别人的故事里醒来，跑进自己的生命里去吧！

胖子老板的咖啡手记

"平衡之道"咖啡：拿铁

　　拿铁（Coffee Latte）底部是一份意大利浓缩咖啡，中间是五份加热到六十至六十五摄氏度的纯牛奶，上面覆盖一层不超过半厘米的冷的牛奶泡沫。"Latte"在法文里是"牛奶"的意思，牛奶和咖啡，温和和浓郁，白和黑要充分地混合和平衡。牛奶以其独有的细腻温和包容了浓缩咖啡的强烈口感——有所分隔，但是又整体相融。晃动杯子，中间层的咖啡会随之晃动，也叫"跳舞的拿铁"。

　　拿铁做法看似简单，但并不容易。好的咖啡师会把牛奶壶适度拉高，让牛奶冲入咖啡底部，另一只手同时向一个方向均匀搅拌，这样才能做到上下、内外都有均匀、细腻的金黄颜色。充分混合和平衡，是其真意。

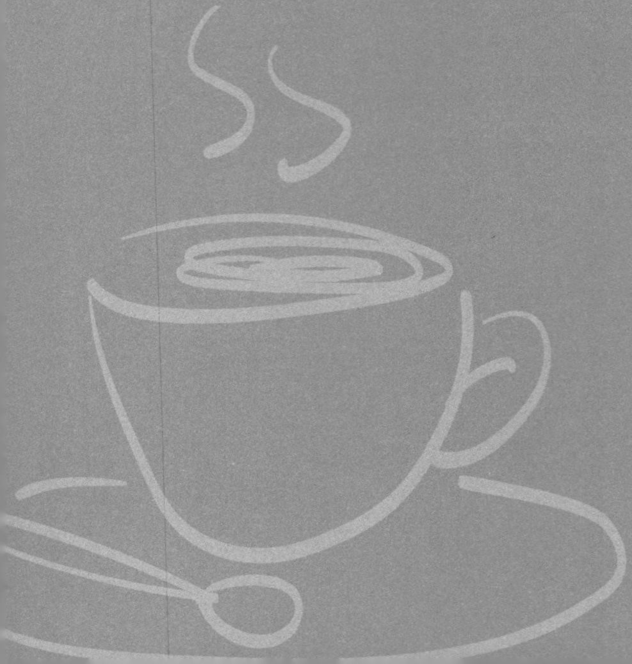

王鹏和天蓝的故事:
从专业和自由中醒来

01

裁员风暴来临

一走进办公室,王鹏就发现今天有状况。

往常热闹的格子间,突然变得安静,键盘的疯狂敲打显得特别刺耳,似乎喊着:"我在干活!我在干活!"王鹏瞄了一眼日常扎堆儿的茶水间,一个人也没有。

经理室的门紧闭,HR 小跑出来,去打印机边上等文档。虽然谁也看不见,但她还是下意识把文档反过来扣在胸前,快步走入经理室——这就更确定了,文档里有这间办公室一些人的名字。

王鹏所在的这家公司是著名的 IT 大厂,在过去二十年的互联网时代,一直都以算法和工程师文化闻名,是程序员趋之若鹜的地方。王鹏读计算机专业,大三那年正好遇到这家公司校招,过五关斩六将顺利加入,风光无限。

第一天去公司上班,王鹏被三楼大食堂给震惊了。这里比学校食堂高了不止一个档次，从广州炖汤到美式三明治，什么菜都有，还能点菜，菜品是高档饭店的水平。关键是饭菜也不贵，工卡一刷，自动记账。王鹏带同学来吃过饭，无比自豪。

那时候互联网风头正劲，投资追捧，公司有大把的钱投入技术开发，程序员的地位自然也高。那时候的王鹏觉得，自己似乎站在一条永不沉没的大船的甲板上，驶向星辰大海。但谁能想到，这几年环境不好，"泰坦尼克号"也有撞冰山的时候。

打开电脑，同事拉的"全无群"（全世界无产者联合起来群）蹦出消息。

"我靠，听说公司开始裁人了！"

"真的，我媳妇就是人力资源部的，他们已经开始执行了！"

"我们这儿 A 项目和 B 项目都合并了，已经裁了一半的人。"

"我天！可别是我。"

"昨天 ×× 部门被一锅端了，走的时候如果拿赔偿，会被写上'被动离职'，以后不好找工作的。"

"别傻了，入袋为安才是正事。"

"我也怕怕……"

"功德 +1"

"功德 +1"

过了一会儿，门打开，HR 快步走到一个工位旁边，"常娟，你进来一下。"

"我吗？"常娟是测试组的，她推开键盘忐忑地站起来，走进经理办公室。十五分钟以后，她推门出来，步伐迟缓地走回工位。大家赶忙围上去问："怎么样？什么事？"

她没有理睬，眼睛直愣愣地发呆，似乎还没反应过来。她愣了几秒钟，又把脸埋在臂弯里，肩膀一抽一抽，哭了。

裁员并没有留时间给哭泣，通知到的同事，邮箱和内部账号当场被封死，公司要求四小时内收拾东西离开——确定要裁员，20%的比例，但具体是谁呢？

会不会就是你？

这种恐怖时刻，王鹏脑子里却天马行空，思维奔逸。

他想起的是一个生物学教授的演化论讲座：在很长一段时间里，斑马是演化论的难题。它们身上的黑白条纹，在非洲草原的环境里实在是太显眼了。如果按照演化论，动物身上根本不应该长出这样的条纹。但最后科学家给出了解释：狮子和猎豹一般只会攻击落单的动物，不会攻击一群，而斑马是群居动物，单只的黑白条纹混在群体中，根本分不清谁是谁。这就整体上降低了被狮子攻击的可能性。生物学家都松了一口气。

王鹏把这观点讲给老婆听，还遭到调侃："这是不是你们程序员都穿格子衫的原因啊？混在一起，领导都不知道要裁谁。"

现在，王鹏苦笑着看看自己的格子衫——这群IT斑马里，狮子会看上谁呢？

王鹏是一个好奇心旺盛，热爱一切稀奇古怪事物的人，有段时间他喜欢开车,就会周末去汽修店跟着师傅免费打工,把一辆车拆成零件,再重新装起来。后来,他又迷上了养鱼,几个月后他的家变成了热带鱼的生态系统,他自己配海盐、调水温来养育全世界收集来的珊瑚,上面游着各种好看的热带鱼。

当然,那是在他单身的时候。三十岁结婚生子后,他的这些兴趣爱好收敛了很多。现在的王鹏微胖,留着小平头,戴黑框眼镜,脸色发白,是常年面对屏幕,不见日光的原因,上身穿着格子衫,下面穿牛仔裤和跑鞋,看上去和任何一个程序员没什么两样。但若遇到感兴趣的话题,沉默寡言的他突然就会被激活,似乎点开了脑子里的某个"超链接",手舞足蹈地给大家讲某个领域的知识,眼神发光,样子可爱。从此得外号,"博士"。

他的朋友们常常会怀疑,王鹏的大脑也许不在他这个圆滚滚的大脑门里,而是连在某个云端储存器之上。

裁员这事,在员工眼里毫无征兆,全凭天意,但在组织的眼里,却是一个有条不紊、路线清晰的流程:

首先裁掉的是距离成果转化比较远的研发部门,因为研发周期长,不确定能活到出结果的一天;再干掉不那么赚钱的项目,这样可以大批裁掉可有可无的开发部门和产品经理;然后是组织结构的调整。很多项目和区域按照"关、停、并、转"的方式重新整合,几个项目并成一个区,几个区又合并成一个大区,这样可以迅速挤掉一群中层管理者。支撑部门的工作量会大大减少,从而能干掉一批客服、行政……最后,只留下必要的销售和赚钱项目。

然后,是所有部门的降本增效:先放出风声——降低差旅标准,大的年会和团建取消,打印纸要两面用,再到无纸化办公……省不了多少钱,但要的就是这个声势。接着,留存部门中,估算出一个比例,先干掉项目上工资比较高的老中层,干掉收入相对高的老程序员,保留最基础的维护能力。此刻,即使是核心部门里的经理们,也必须面对人员去留的选择:员工会被按照"能力—忠诚度"的矩阵打分,干掉那些分数低的人。而对于工龄高的人,如果裁掉成本太高,有的组织会给出更高的KPI,让一部分人知难而退,可以少给赔偿金。

最后的最后,还有一批难搞的,或有纠纷的员工。公司自有外包的律师团队负责打劳动纠纷官司,先耗个半年一年的,很多人也举手投降。

组织像是一台开动了自毁模式的机器,精准而高效地自我吞噬,往日的那些饭桌上的谈笑,项目冲刺时的同甘共苦,此刻遥远而陌生,像远古神话。此刻,说裁就裁,裁了就谈赔偿的公司,实在算是间良心公司。

裁员名单上没有王鹏。下午经理把大家拉进去开了个会。王鹏脑袋嗡嗡的,什么都没记住,只记得经理反复说的几句话,大概意思是:人少了,但业绩一定要保住。大家一起干。道路是曲折的,但前途是光明的。

会开了近两个小时,回来时,常娟的座位已经空了,桌面也空空荡荡,抽屉开着,像咧着嘴笑的怪物。她留下来了一盆多肉植物,那是几个月前大家送给她的生日礼物,不知道是忘记了,还是故意留下。

兔死狐悲,王鹏心里也空落落的,似乎看到自己未来的样子。他早就知道外面环境不好,公司会裁员,也知道公司里干了三五年都算老员工了。但真的到自己头上,那种不安感是如此强烈。

我在这里还有发展吗?如果不在这里干,还能去哪儿?

晚上,没有人敢准时下班,大家一直等到九点多领导走了,才准备离开。就在这个时候,手机里跳出一行信息,是天蓝发给他的:"下班了,去咖啡馆坐坐?"

02

年龄不是价值，专业不是壁垒，公司不是家

半个小时后，按照天蓝给的地址导航，王鹏穿过海龙和科贸大厦——这曾经是国内最大的电脑组装市场，王鹏大一的第一台电脑就是在这里组装的，现在电脑买卖早就做不下去了，这儿变成了创业中心。但这几年，创业死亡率更高，大楼没有了昔日的灯火辉煌。

再走五分钟，王鹏路过一座教堂，拐弯看到了一个闪亮的灯牌，写着"不上班咖啡馆"，下面有一只奇异的大眼睛。旁边是一扇棕色木门。这里还有咖啡馆，王鹏从来没留意过。

推开门，天蓝在里面的卡座向他招招手。她穿一件蓝色的商务装，头上扎着白色丝巾，看上去心情不错。她面前的那杯水一口没喝，应该也刚到。

天蓝是公司营销运营部门的，大学读的中文系。那一年校招，他们同一批被招进来。几个大学生，一起进公司，一起培

训，一起吃食堂，有一种比普通同事更深的情谊。他们几个人拉了一个群，叫"私奔群"，因为他们都喜欢郑钧的一首叫《私奔》的歌，歌词唱出他们心声："我心中所求，是真爱和自由。"他们在群里聊聊公司，说说八卦，也聊梦想。王鹏是个技术宅，比较内向，不爱交往，朋友一直不多，后来结婚、买房、生子，都靠这群朋友一直帮着张罗，所以他特别珍视这群朋友。不知不觉，他们已经认识九年了。

王鹏刚一坐下就问："你听说公司裁员的事了吗？我们部门上午刚裁掉五个人。"

天蓝两手一摊，指指自己鼻子："听说啦，我，我就被裁掉了。"

"哈？"王鹏有点不好意思，连忙说，"对不起，对不起，你还好吧？"

天蓝苦笑了一下："没事，还好。我其实早就不想干了，自己下不了决心。这样一来，算是推了我一把，还拿了点钱，生活一年没问题，就是没想好要做啥，所以想找你来聊一聊。对了，博士，你呢，你怎么样？"

王鹏知道的多，也爱帮人，所以朋友们遇到问题，都爱听他的意见。他歪歪头，想了想说："算是躲过一劫，不过，不知道下次有没有这么好运了。"

两个人又都不说话了。

这时，一个胖子不知道什么时候已经站在桌旁。他围着红格子围裙，穿一件白T恤，手上端着两杯热咖啡，说："欢迎光临，我们咖啡馆首单免费，这杯咖啡，送你们。"

王鹏正想，这大半夜的，就不喝咖啡了吧。天蓝心直口快，赶忙摇手："老板，这大晚上的，喝了咖啡睡不着。你这里有啤酒吗？"她又指指王鹏，"来你这买咖啡的，是不是都是这种程序员，要熬大夜的啊。"

"No No No，你说的是夺命咖啡。我这里不卖夺命咖啡，只卖清醒咖啡。我这个咖啡没有咖啡因，不会失眠，但可以提神。"胖子一脸神秘的微笑，"**因为，只有下班后，才是打工人最清醒的时刻。**"

说着，胖子放下咖啡，竟在他们身边坐下来——这个"社牛"！

"听说这周边几个大厂裁员，你们是不是也被波及了？"胖子笑眯眯地问。

奇怪，难道他偷听我们说话了？天蓝马上接话："是啊，怎么了？"

胖子感叹："好事好事，不是坏事。"

"我们被裁了，你还说好事？"天蓝生气道，"老板，我们都走了，你这里也没人消费了，你也得关门。"

胖子也不生气，"我是说，三十多岁遇到裁员，不是坏事。因为每个三十多岁的人，都需要转型。只不过有人主动，有人被动，但比一动不动好。"

这么一说，王鹏倒是来了兴趣。他一直隐隐约约觉得三十岁是个坎，但又不知道具体是什么，今天胖子一说，他的好奇心又上来了。他挥了挥手示意天蓝先别说话，对胖子说："请你说说，为什么三十多岁要转型？"

"因为到了三十多岁，年龄不是价值，专业不是壁垒，公司不是家。"胖子看了一眼两个人，"先说年龄，在上班的头五年，专业成长快，精力也足够，每年收入都有上升，所以我们很容易认为，收入和年龄会一起增长。但是等你工作了六七年，专业上的成长放慢了，体力也下降了，你没法赚那些掉头发、熬大夜的钱了。这个时候，收入的上升也会放慢，这就叫'年龄不是价值'。"

老了，不值钱了。王鹏脑子里突然冒出一个念头。

是什么时候，第一次发现自己在变老的？是发型师对他说："先生，你的头发有点稀，我给你抓一抓哈。"怎么可能！我才三十啊，当年可是密不透风的浓发啊。几天后，他在镜子面前发现第一根白头发——不得不承认，真的变老了。那以后，他留了个平头。

电影《岁月神偷》中说，岁月是最厉害的小偷。当这个小偷被发现，他不但不走，还把自己变成强盗，肆无忌惮地开始四处乱翻起来：第一根白头发以后，变老的迹象越来越多，比如熬夜以后，已经没法像过去那样在早上八点醒来，继续上班。周日下午打球擦伤的膝盖，要一周才能慢慢愈合。王鹏看了一眼天蓝，她虽然不说，但女人对年龄的感觉，应该比他更敏感吧。

"然后是'专业不是壁垒'，"胖子接着说，"你现在从事的程序员工作，虽然专业，但很多都是复制粘贴的工作，壁垒也在越来越低。"

听到有人侮辱自己的专业，王鹏忍受不了，说："老板，你做咖啡可能不需要什么专业，但编程是很专业的学问，从学习一个语言到熟练，需要好几年的时间，是一行行代码喂出来的。这需要长时间的经验、不断的学习，这才是一个资深程序员有价值的地方。"

"编程当然需要专业，但是壁垒越来越低，你承认吗？"胖子不慌不忙回应，"所谓专业，本质其实是'信息差'，冲一杯速溶咖啡其实没什么专业可言。但一杯好咖啡，从产地、选豆到烘焙程度、碾磨的粗细度、方法，再到不同的水温、萃取的方式、杯子的温度，甚至到不同的饮用场合，都有微妙的区别，这些信息差累积起来，就是专业咖啡师和冲杯速溶咖啡的区别。如果为了提神，的确没啥区别；如果为了体验，这里就有很多的专业知识。专业壁垒不取决于我干了多久，而是我钻研得有多深。如果一个人每天冲速溶咖啡，即使冲十年，也并不一定就有专业壁垒。"

胖子又把话题拉回到编程："过去几年，你自己想想，有多少时间在重复工作，多少时间在提高信息差？你手头的项目里，技术难关有多少？一旦新的语言出现，我们要从头学习，一个年轻人有人教的话，多久能替代你？这都是专业壁垒的消失。

"除此之外，还有技术的进步。过去我们咖啡师，需要自己烘焙咖啡豆，自己手磨咖啡，现在机器就能做完这些，咖啡领域的专业壁垒也在消失。我相信AI也正在你们后面追赶，未来十年，或者只要五年，编程会变成今天的英语一样——人人都会一点。只有很少的高手才能存活。"

天蓝竟也点头表示赞同："说到AI，真的对专业冲击很大。我们学校西语系的同学，也很茫然。过去两三天的翻译工作，现在机器十五秒就能翻译出来，而且水平还不差。她说，现在只有搞文学翻译和商务合同翻译的，还有点活路。一般的翻译，基本没戏了。"

"能干的新人越来越多，AI又越来越聪明，这都在冲击专业壁垒。我说专业不是壁垒，不是说你能力不行，而是说**你的收入不由你的能力决定，而是由愿意最低价出售自己能力的人决定。**"

王鹏想起读过的一段历史：第一次工业革命的时候，因为技术进步，机器并不需要复杂的操作，工人经过简单培训就能上岗。结果在英国，童工竟然变成了就业的主力——他们听话、好管理，更不会像成年人一样聚众闹事，而且要价很低。最后，这些童工把自己父母的饭碗也抢走了。一个工人家庭往往不是靠父母，而是靠孩子养活，你能想象吗？最后，英国政府实在看不下去，推行法律禁止了童工。

这不就是企业今天的状况吗？很多企业一旦研发出技术流

程，就大量招实习生或年轻人，他们更聪明，又站在很高的起点上，性价比的确高。而且，他们还年轻，愿意用更长时间等待一个好机会。

他叹了一口气，摇了摇头，算是认同了"专业不是壁垒"。

"**公司不是家**，这个我已经体会到了。"天蓝抢着说，"刚开始被裁，我也很沮丧。但是现在，我也缓过来了，也能理解。公司面临竞争的压力，技术和成本的挤压，他们也需要活下去。公司不干我们，就要自己死。"

胖子点头说："是的，家是一辈子的。中国的公司，平均年龄才2.97年。有人统计过世界500强的平均寿命，也就只有40年，最近还在变得更短。而你的工作时间，至少有个三四十年。一个人一辈子换六到七家公司，很正常。公司没法当家。"

"年龄不是价值，专业不是壁垒，公司不是家。"胖子重复了一遍，"这才是困住你的原因——你心里隐隐知道这条路很快要断，后面眼睁睁有人追上来，但是又找不到出路，不是吗？很多人疯狂地加班，只是为了掩饰心里的焦虑。你让自己拼命提效，心里却知道这个也无效，但暂时用眼前的事务把自己填满，就不用面对未来的黑洞。盲眼狂奔，是三十岁的危机。**与其终日警惕，不如识别问题。所以我说，我不卖夺命咖啡，只卖清醒咖啡。**"

胖子的话又准又疼，打在王鹏最隐隐作痛的软肋。这人看问题很本质，话很挫人，但并不站在资本家一边。想到这里，王鹏对胖子生出一份尊敬。他虽然不爱与人交流，但敬畏专业，一旦有人真的讲得有道理，不管那个人是谁，他都听得进去。

"但，这该怎么办呢？"王鹏自豪的工龄、专业和公司突然都被击穿，他觉得自己似乎赤裸裸地走在大街上。

"当然有办法。每个三十多岁的人，都面临六条出路。"

03

30+ 的六条新出路

"首先，要接受一个事实，**对于大部分职业，30 ~ 40 岁就是一生工资最高的一段。不仅是中国，全世界的所有打工人都这样。**社会学家把这段年龄，叫黄金年龄（Golden Age），大多数发达国家，美、加、日、英、德、法，黄金年龄都在 35 ~ 50 岁。而经济增长快的发展中国家，比如中国、印度的打工人的黄金年龄在 30 ~ 45 岁之间。"

"唉，我们比人家早了 5 年，快速发展，真的很废人。"天蓝皱皱眉说。

"不过，不同行业，黄金年龄不太一样。比如运动员，黄金年龄是 18 ~ 24 岁，而公立医院的医生通常要 40 ~ 50 岁才达到收入巅峰。像你们程序员，恰恰是比较早到达黄金年龄的一群。"

"也就是说，35 岁是我这辈子工资最高的一年了？凭什么啊？"王鹏好像被戳中了什么。

胖子随手拿起一张餐巾纸，开始画起来。他先画一根横轴，代表年龄,纵向画出来三条曲线,分别是体力和流体智力、晶体智力,以及经济压力。

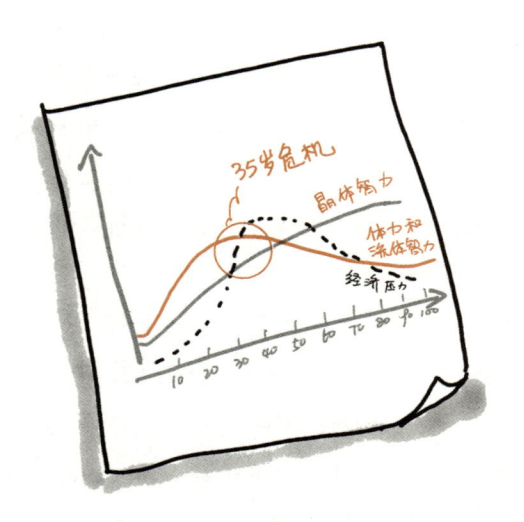

"你先看这条棕色的线,这代表体力和流体智力,体力好理解,流体智力包括记忆力、反应能力等,就等同于大脑硬件,这些加起来就是你的硬件能力。它们在 30 岁时达到顶峰,然后逐渐下降……"

"我有定期锻炼啊,身体状态一直很好。"王鹏有点不服气。

"锻炼只能维持和减缓,不能停止降低。这是你觉得累的原因。

"再看这条黑色虚线,赚钱能力降低的时候,你的经济压力更高了。30 岁前,你单身,一人吃饱全家不饿,经济上无忧无虑。现在你应该结婚了吧。哦,两岁的孩子。恭喜恭喜,这可是个碎钞机。你上有老下有小，还要腾出时间精力照顾，这样你不多的体力又要分出去，工作投入又少了。你经济要求这条线，却前所未有地高。所以，在30～40岁，体力下降，角色分散，经济压力上升，你那点技术含量怎么可能顶得住？它不够！这就是很多人35岁危机的原因。35岁的危机，30岁就开始了。"

"的确是这样，那该怎么办呢？"全被说中，王鹏有点着急。他一直以为，只要更加努力，就会躲过这个坎，但现在发现，这是个客观规律。

"是啊，怎么办呢？我颜值也开始下降，恋爱都没那么好谈。部门的姐姐们还要生娃，怕做高龄产妇，我们女人更难了。"天蓝至今单身一人，她奉行丁克，生娃对她倒不是困扰。

"别急别急，有办法。这不还有一条灰线吗？这条线叫晶体智力，它就是你对语言、社会、环境、常识的理解能力，说大白话，就是你会做人，能判断事物的能力，这是一种软实力。这条线会随着年龄逐渐增长，一直到75岁才停止。"

胖子冲王鹏挤挤眼，"当然，这需要你保持脑力和体力活动，坚持打打麻将，跳跳广场舞。

"回到职场上，随着晶体智力的上升。你对于行业、技术、组织、人的整体理解能力会持续上升。这种能力是年轻人比不上的。公司不放心把复杂项目给年轻人，因为他们相对毛躁，对整体理解不够，看问题容易偏激。这就是软实力的竞争力。"

政治上也是一样，王鹏看过一个报道。近年来全球领导人的年龄都有上升的趋势，因为越不稳定，越需要经验和智慧。这段时间他关注的某超级大国大选,就是两个高龄老头儿"吵架"。

"软实力上升的另一个好处,是人际网络的拓展。人际是一个持久的积累,没法省时间。**一位关键时刻愿意帮你的大佬,一群并肩打过几场大仗的伙伴,这种关系不是新人能替代的。而且关系网络会因为投入越多而越强。这也是越过 30 岁以后会持续变得增值的东西。**"

胖子突然转换话题,问他们:"对了,你们炒股票吗?"

"我炒着玩。"天蓝接话。

"如果体力、脑力、人际各自是一个股票,你们会怎么投资呢?"

"那我们应该尽快减持体力股,买更多经验和社交股,是不是这样?"天蓝说。

"对的,"胖子说,"**要么是提高专业能力,让自己单位时间更值钱。要么是做管理,让自己能用别人的时间创造价值,甚至自己创业。要么换个地方,释放自己过去的专业……**这样,我画出来吧。"

说着,胖子翻过餐巾纸,写下六条出路:

1. 专业线:成为领域内专家
2. 管理线:在组织中成为管理者
3. 转型线:带着积累去新的行业、岗位,进体制(做公务员、考事业编)
4. 平衡线:先以家庭为重心,度过经济压力期再找机会

5. 自由职业线：以自己的热爱为抓手，创造自己的职业
6. 创业线：创办一家自己的公司

"这就是 30+ 的六条新出路，这些路径，都能帮你绕过黄金年龄的陷阱。"胖子说。

天蓝看着这六条路，不假思索地说："那我想试试看自由职业的路，被管了这么多年，我烦了，也不想管人，心累。我专业是中文，当年做品牌和运营，是想延续文学梦的，我对营销也不感兴趣。上班这么多年，我现在就想自由。"

她回头看看王鹏，他还在沉思。他在北京有家，有孩子，还有房贷。创业和自由职业都风险太高，首先排除。他老婆现在就去了一家国企，工作压力小很多，正在走平衡线。所以留给他的，只有专业、管理和转型。该怎么走呢？他一时没有结论。

"不着急，这种事没法一下子想清楚。你们拿个打折卡，常来。"胖子说着就忙去了。

王鹏和天蓝继续聊天，他们一起回忆着刚入职时候的趣事、公司的变化、同事的来来去去，感叹这些年的心境变化，一直聊到十一点多，才不舍地各自打车。

车到了。天蓝拉开车门，打趣道："博士，我走啦，你可千万要好好干，做到高管啊，我混不好就回来给你打工。"

王鹏憨笑了一下，啥也没说。过了好一会儿，他发去一行字："一路顺风，做你自己啊，仙儿。"

04

自由职业之路并不自由

仙儿是谁?

仙儿就是天蓝。她是文学女青年,身心灵爱好者,神秘学布道者。和她在一起,永远都有惊喜,一会儿给你占星,一会儿带你去惊恐剧本杀。一次王鹏在食堂遇到她,看她眼睛都哭红了,过去一问。她先是掉下两行清泪,让王鹏这个 I 人尴尬得脚趾抠地。哭了好一会儿,她抬头说,钢铁侠死了。

她无拘无束,仙里仙气,所以朋友叫她仙儿,又名天仙。

现在,仙儿决定直奔自由职业之路去。

如果不是遇到那么好的校招机会,天蓝是不会去大厂的。

她的理想工作,一直是文字类:她喜欢三毛、柴静和卡尔维诺。在学校里,她是学生杂志的主编、诗歌和话剧社的头号粉丝;周末,她猫在北京大大小小的咖啡馆读书。一个人的晚上,她不是在家写作,就是追韩剧,想到过去谈过的某段恋情,哭得死去活来，但看到开心的地方，又没心没肺地大笑起来。她是个自由的人，不想受约束，自由职业对别人来说是风险，对她来说是小鱼儿归海——彻底自由了。

而对自由职业，天蓝信心满满。工作这些年，她在品牌和运营方面都有不少的成功案例，也认识了不少千万级的大V。帮别人都能成，自己干怎么不行？再说，自己做了这么久的运营，朋友交了不少。他们天天说我厉害，还说我开了课肯定买。这都是我的天使用户啊，就差老娘出产品了——钱的问题，都不是问题，轻松拿捏！

仔细想想，天蓝发现自己好像啥都能做，那具体该做啥呢？她一下子卡住了。不过天蓝可不是会把自己吓倒的人！她眼珠一转，没方向更好！老娘先出去逛一圈，逛着逛着，灵感就来啦。天蓝想着，立马把行李放在朋友家，买了去大理的机票。

天蓝来到大理，在古城住了一周，就搬去了旁边的下关。她发现，古城好比北京的王府井，都是游客。真正旅居的人，都住在北边的下关和喜洲。5月是大理最好的日子，气温不高不低，上午天晴个几小时，下午就有一场雨。天蓝在这里变成了真正的仙儿，早起出门吃一顿小锅米线，然后沿着洱海骑车，相隔几十米就是一个咖啡馆，随便走进去一个，偶遇几个优哉游哉的人，摸摸门口晒太阳的猫。白天对着绿汪汪的洱海发呆，抬头看见太阳照在苍山的雪顶上。一本书拿起又放下，一天就过去了。窗外日光弹指过，席间花影坐前移。这种生活，实在是太逍遥了。

好日子总是飞快。一天夜里，天蓝看到洱海上星星点点，像满天星辰。一问才知道，那都是渔灯。白族的渔民每年要休渔半年，直到7月份才开始下海打鱼。这一天船会点上渔灯，当地人叫作"开海"。天蓝一算日子，已经来这里快两个月了。自由职业的"自由"是享受够了，但"职业"还一个字没动。人越来越胖，钱包越来越瘦，天蓝决定开始搞钱。

又回到那个问题，我该做点什么呢？

天蓝想到的是：做一个号，做一门课，出一本书。

说干就干，天蓝闭关二十多天，录了课程，发给她的天使用户。却发现，真花钱的没有几个。是课程不够好吗？她又重新打磨了产品售卖页，更新了些内容，但还是只有十多个人下单。最后，还是一个耿直的前同事告诉她实情：过去她在平台做运营，和她搞好关系，能知道平台的规则、动态，甚至有好的资源，可以免费获流，大家自然捧着她。而且平台运营用户，很多服务是免费的，关系越好，自然获益越多，大家也乐于维护关系。

这个同事劝她："他们也不是世故，大家压力都很大，每一分钱都要算好，实在没资源拿出来帮你啊。"

做课没人买，那出书试试看？

天蓝挑了一堆各种价格的写书课,最终有一个班承诺能对接编辑。编辑给她一个写书策划表,在"作者介绍"一栏下面,就是"影响力",要求提供全网粉丝数和过去获得的荣誉奖项,如果没有,需要你承诺自购三千册。本来还指望靠写书带点名气,结果编辑们还都指望你出名带书呢。

继续往下填,"目标读者"和"核心交付"更加让她填不下去——如果写工具书,课都卖不出去,书谁会买呢?如果只写自己的故事,又有谁看呢?

要不,试试看自媒体吧,毕竟自己文字底子还在。

正好身处大理,天蓝想试试看做一个旅游号,她发了一个帖子:三十岁单身大厂女青年,走上自由不归路。这篇帖子倒是获得了大量点击,为她积累了好几百个粉丝。但接下来天蓝发的旅游帖子却响应寥寥。倒是有几个私信来问的,都是关于大理的住宿问题。天蓝也不懂,各种帮人找资料,结果就没回信了。折腾五小时做出的内容,只有几十阅读量,看来旅游博主这条路,也走不通。

那……自己的兴趣爱好是读书,是不是可以做读书账号呢?

天蓝搜了搜读书,把自己吓坏了。这个领域里熙熙攘攘,比公司卷得都厉害。有人每天早起读书给大家听,有人每天直播八小时卖书,有人自己写脚本、录视频、剪辑、加花字特效一条龙,还有无数人"万字讲透一本书"……读书门槛太低,根本看不出来什么胜算,这条路,也不好干啊。

这样一来,又过去了两个月,四次突围全都失败。9月底的一天,天蓝在离职员工群里发了一个感叹:"过去觉得自己无比强大,但真的离开了平台,才知道什么是自己的能力,什么是平台的能力。你们还在的,好好珍惜吧。"

下面马上有一群人"+1"。还有一个前同事做了个品牌咨询和运营工作室,私信邀请天蓝加入,但天蓝已经很厌倦营销,自己出来就是想搞点想干的,谢绝了。

长这么大,天蓝第一次陷入没有目标的状态。自由职业之路倒真的是自由,干什么都行,但随之而来的是迷茫和焦虑。没有方向、没有目标、没有打法、没有OKR……做什么好像都有点用,但是做什么也似乎没结果,一圈下来,还是在原地打转。那感觉像在爬一个网兜,想使劲怎么都使不出来。最烦的是,一个人作战,很孤独,连个可以商量的人都没有。天蓝第一次觉得,自由的滋味也并不好受。

唉,如果还能在北京,有空能和博士、胖子他们聊聊,该多好。

05

你是哪一种工匠?

胖子有没有空不知道,博士反正是没空和她聊,因为王鹏自己也焦头烂额。

那天晚上听完胖子讲的六条出路,王鹏心里其实有答案,自己更偏向做技术。但他也知道,这条路并不好走。正如胖子说的,到了三十五岁以后,体力变差,技术变化,如果没有大贡献,大厂会找机会把你换掉。

但管理这条路,更让他心里打鼓,他性格内向,不爱求人,更不爱要求人。前两年领导让他带一个小项目,他还放了句狠话:"我宁愿对着一台机器加班熬夜,也不愿意面对一个人夸夸其谈一小时。"话说到这个份上,领导也就另请高明了。

那是不是可以转型?身边有人去做了产品经理,有人做了前端销售工程师,做得好收入上升,做得不好,技术也丢了,可就什么都没了。

还是技术好啊。面对电脑,敲出来的每一行字,都确定有价值。

王鹏试着和同事聊,收到一堆反对意见。有人说:"做管理收入没多多少,责任大了去了。尤其是项目经理,做好了是领导指导有方,做不好全要你背锅,简直里外受气。"

他去和老婆讨论,老婆想了想说:"你选什么,我都支持。但你可想好了,我在国企见得太多了,原来关系不错的同事,一旦升官,关系就变味了。原来一个群里一起骂领导,现在别人拉了第二个群,一起骂你。"

还有人说:"老王,现在这个情况,你就苟着做个小金砖吧。小就是别升职,金砖就是精专专业,其他别碰,尽量别犯错。等真的被开了,我们就找个下家继续干。实在干不下去了,回老家找个国企不就完了?"

但王鹏还是想试试看。那天胖子的三条线讲得明明白白,他不是坐以待毙的人。而且除了个人发展,另一个理由则更真实——他很需要钱。

工作前几年,他是个快乐单身汉,从未为钱发愁。结婚生子以后,负担一下子重了起来。

一次他在西安出差,房东突然打电话给他,说房子要卖掉了,押金全退,但要求他一周以内搬出去腾地儿。王鹏回不去,还是天蓝他们帮的忙。两天后进门,老婆在新房间,抱着两岁的娃收拾东西的画面,他终生难忘。老婆没有埋怨,但他自己受不了,从那天开始,他下定决心要买房,也背上了房贷。今天一算,他还需要至少保持这个收入二十五年。而普通程序员之路，走不了那么远。

该怎么选呢？一周以后的晚上，王鹏又去了不上班咖啡馆。

"是个爷们，"胖子很佩服王鹏的担当，"不过该怎么选，现在是个伪命题。"

"这么说吧，我问你个问题：如果你要出远门，今天突然出现一个神仙，可以送你三个宝物中的一个，一个是日行千里的汗血宝马，一个是最名贵的双峰白骆驼，一个是一条经过严格训练的牧羊犬，你会怎么选？"

王鹏想了一会儿说："我选汗血宝马。"王鹏一直喜欢金庸小说里的郭靖，他就有一匹汗血宝马。

胖子摇摇头："答案是，你要先知道自己去哪儿。如果你要去沙漠，就选择骆驼；要去森林，牧羊犬不错；要去草原，当然要选汗血宝马。所以，选择要先搞清楚目标和选项，才有的选。现在，你除了了解技术，对其他几个选项一无所知。"

"怎么可能？我刚说的这些案例，都是我亲眼看到的，就是我身边的人。"王鹏不服气。

胖子眼珠子一转，又摇摇头，"现在更糟了，你对这些选择充满了偏见。搞专业的人，很容易有个毛病，就是觉得除了搞专业，其他工作都低人一等。往好了说，这叫'技术崇拜'；往坏了说，叫'专业陷阱'。比如说，你是不是觉得，做销售的人，都需要很外向，要极力讨好客户，而且还觉得他们眼里只有钱，挺 low 的？"

王鹏抿抿嘴不说话，不就是这样吗？

"再说做管理，你是不是觉得做管理的人说话都是假大空，每天汇报开会做PPT，没个正事，不懂技术还瞎指挥。你看，你看，被我说中了吧。你这个状态去选，根本不能叫选择。只是为了钱逃过去，根本没法做好。**职业选择的原则是，要追不要逃。**"

"我说的是事实，"王鹏说，"我们公司的所有产品，哪个不是我们一行行敲出来的。做销售的就是动动嘴皮子，搞产品的就是出个方案唬住客户，做项目管理的分分活儿，啥也没创造。"王鹏做了一个敲回车键的手势，"而且，技术很美。你知道一个人编程到半夜，调试很多次，最后按下回车键，完美返回结果那一瞬间，有多爽？这种技术之美，你没接触过，真的难以理解。"

"这估计和我修了一下午车，最后吧嗒一下打着了火的感觉差不多。"胖子点头，"技术当然很美，但不是唯一的美，更不是唯一的价值。你想过没有，你每个月的工资，是谁发的？本质来说，是销售找到的客户，他出钱发的。你是怎么进入这家公司？坐着的工位、办公室和网络，是谁提供的？是人力和行政。你的活儿，又是谁分配的？谁来评价？有了冲突谁来协调？最后谁保证公平地发钱？是你的项目经理。所有这些人在一起，才能创造价值。否则就只是一堆零散的代码。所以，我估计他们某些人的工资往往还比你高。"

王鹏显然被最后一句话戳中了，"对，这不公平。"

胖子拿起一张餐巾纸，拉出一条线，分别写上：市场、销售、产品与服务、客服，在下面写上：财务、人力、行政、研发，在左面写上：客户。

　　"想赚更多的钱，首先要了解基本的商业逻辑，这样你才能知道，钱是怎么来的。"

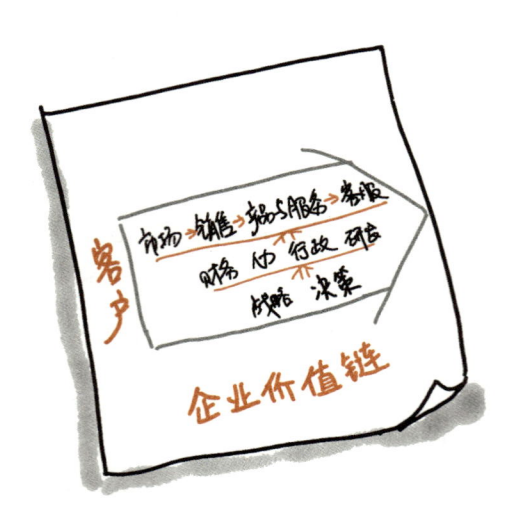

　　"这是一条典型的企业价值链条。公司决策者通过战略分析，找到客户，决定开启业务。市场先上去影响他们，销售分析客户的需求，达成交易；产品经理根据他们的需求，把方案细化成具体的项目；项目经理把项目拆分成每天你们要做的事，然后由你把它实现出来。等到交付以后，客户遇到麻烦，还需要客服跟进解决问题。这样，你写的代码，才能在别人的业务里，被用起来，产生价值。这个价值，客户会分你们一部分，这就是公司的收入。

"财务收到钱，会按照大家的功劳算好账，公平分配给每个人。人手不够，HR需要找到新的合适的人——如果这个人无法胜任，他们还得负责培训或换掉；而行政则提供了基本的办公支持。

"整个价值链的每个环节，都在增加价值，叠加在一起，创造了公司的收益和你的工资。链条上的每个环节都缺一不可。"

看着完整的价值链，王鹏第一次真正理解到，自己的工资是怎么来的。他日常只想着做好分配的事，拿到自己那份钱，从来没细想过，在自己身边，竟然还发生着这么多事。他点头认同，自己过去偏激了，每个环节都有价值。

"而且，**过度追求专业，不仅不会增加整体价值，有时候反而会是障碍呢！**"

"这不可能，把手头的事做到最完美，怎么可能会降低整体价值的呢？"王鹏是工匠精神的推崇者，这盆脏水，王鹏绝不接受。他一直坚信，就是因为有些人没有工匠精神，市场上才会有这么多粗制滥造的产品。

胖子说："你听过那个故事吗？三个石匠同时在修教堂。有人问他们，你们为什么工作？第一个石匠看向天空，说：'我要建造一座最美的教堂。'第二个石匠说：'我要雕刻出最精美的花纹。'第三个石匠说：'嗨，养家糊口呗。'你说，这三个石匠，哪个最好？"

"第一个和第二个都不错,第三个比较一般。不过,我们身边好像大多数是这种人。"王鹏说。

"对,我们常常歌颂第一个工匠,因为他有热情,有愿景。也批评第三个工匠,说他就是混口饭吃,没有工匠精神。但如果你是教堂建造者,你的观点会不同。第一个工匠当然好,但这种人不好找啊。第三个工匠,才是大部分的普通人,只要对他们要求严格一些,钱给够,他并没有什么危害。而对建造教堂影响最大的,反而可能是第二个工匠,因为他只关心自己的手艺,他只关心有没有雕出最美的花纹。而事实上,可能他雕的那块石头,根本不是重点,也许现在的工期里最关键的事,是立个柱子。"

"这……你提出的这个角度,我从来没有这么想过。"王鹏想起很多过去和领导的冲突,他喜欢在一些细节上琢磨,认为是技术之美。而领导总告诉他,先把重要的事做好,那才是重点。他那个时候总是抱怨领导不懂专业。

"这可不是我提出的,这是管理大师彼得·德鲁克的比喻。他想用这个故事说明,第一个工匠可遇不可求,可以做领导者。第三个工匠是普通人,但加上好的管理者,也能让平凡人成就非凡事。第二个工匠,他的这种狭隘的专业主义,往往最需要警惕。"

"我竟然可能是最大的障碍?"王鹏喃喃自语,他多年的信念受到了严重冲击。但换个角度,这个道理也符合逻辑,他需要时间自己想一想。

王鹏抬头看向天花板，无意中看见胖子的咖啡柜，上面摆满了各种器具、十多种咖啡机和各种调料，不同的玻璃罐子里装了不同的咖啡豆……

"老板，你说了不能雕花，但看来你在捣鼓新咖啡上，可花了不少时间啊，这赚钱吗？"

胖子尴尬地挠挠头："这……唉，没办法，谁能拒绝创作一杯好咖啡呢？我好像也不是最好的工匠。"

"哈哈哈，专业真的很迷人，很过瘾吧。"王鹏被他逗笑起来，心里畅快多了。

"那，工匠到底该怎么做呢？"笑过以后，王鹏又问胖子。

"**工匠的成长之路有两条：一条是做有愿景的第一工匠，回身带动更多工匠一起工作，成为领导者。一条是有手艺的第二工匠，学会看懂整体蓝图。他们都能成为超越专业，盖起教堂的人。**"胖子说，"这也许就是你要走的路。"

王鹏还是在发呆，胖子拍拍他的肩膀，递过来一杯新做的咖啡。

"今晚这杯咖啡叫'送你一颗子弹'，劲儿可有点大。关于技术的作用和价值，我说的只是我的理解，你应该自己去价值链上走走，感受一下。当你看到宏伟的大教堂蓝图，雕花纹的执念就会消失。当我们看到完整的价值链，很多专业执念也会消失。**记住，卡住自己的不是外面的路，而是思维里的墙。放下成见，人间处处是生机。**"

06

技术人才的成长之路：从技术到艺术

当天夜里，王鹏果然失眠了。不是焦虑，而是兴奋。第二天早上，他列了个名单，准备沿着价值链逐个聊聊。

第一个约见的人，是公司的销冠，他爽快地答应了在公司楼下见个面。出乎意料的是，销冠不是印象里衣着光鲜、能言善辩的样子，而是一个很安静的人。他仔细听了王鹏的来意，详细问了几个问题，才开口说自己的意见：

"不是所有销售，都要很外向，我就是个内向的人。像我们这种大客户销售，采购方都是企业，审批流程也长，不靠冲动消费。而且老板、管理者、员工，每个人都有自己的需求，但都讲不明白。所以我能做的事情，是理解他们需要什么，帮他们梳理清楚，然后用方案呈现出来。只要方案靠谱，他们一般都会采购。其实，我也是做技术出身。虽然我不是特别厉害的程序员，但在销售领域，懂技术是我特别长的长板。所以，我成功率很高。作为销售，倾听、理解别人的需求，拿出基础方案，最重要。"

销冠讲话条理清晰，直击重点，让人觉得很舒服，一点儿都没有压迫感。内向的人也能做好销售，也许我也行。王鹏想。

第二个见的是产品经理，他说："我这个岗的任务，是进一步细化客户的方案，保证技术上的可行性，还要能交付。很多时候客户各种想法，根本不可能实现。但你不能否认他的需求，而是要帮他找到更省钱、更可靠的技术方案。方案敲定，我负责把这套方案，翻译成技术语言，讲给项目经理听。要做个好的产品经理，你得学会收集和分析需求，然后让客户认为你的方案是最优的。所以，我们很欢迎技术人员，因为你们自己做过技术，你更懂如何翻译给技术团队。"

王鹏想，哈哈，这不就是我经常帮朋友出主意的过程吗？我也许可以是个好产品经理。

项目经理好办，自己的头儿强哥就是。强哥是资深工程师出身，他技术上愿意带大家，做事公平，为人实在，大家都挺服他。王鹏在吃饭的时候，拉着强哥聊："强哥，当年你为啥做项目管理啊？"

"为啥搞管理？说白了，首先是续命，你也知道，单纯做技术就像搬砖，年龄一到就真的体力不行，公司也嫌你贵。但学点项目管理，相当于做了个包工头，专业＋管理，收入就高些。而且包工头出路多啊。万一大厂不行了,要去小公司、国企,他们给不了技术岗位很高的工资,你好歹得做个管理岗位,收入才能拉平。"王鹏点点头,还是得问头儿,自己的坑他都蹚过一遍了。

"对了,还有啊,我们不比国外,每个国家的国情不同,国外干到五十岁的程序员也很受尊敬。如果在我们这里,你到了四十多,被一个刚毕业的小年轻管着,心里不是个滋味。"

"不会有很多人际冲突吗?而且责任也大,我这个人特别不擅长和人打交道。"王鹏说出自己的担心。

"责任大,所以才钱多啊。要赚这个钱,就得担这个责,就得培养这个能力。其实,项目管理就是个技术,一百多年来被琢磨得很透了,有流程有套路,和多学个语言没啥区别。再说了,其实咱们技术人员挺好管的,没什么大的坏心思,顶多给我代码上找点小麻烦。呵呵,我看破不说破,技术上多带带,对大家实诚点就好。"

"可我一和人沟通,就耗能。管人难啊。"

"嗨,我当时也一样。不过这段路走过来,我想通了。我不是不爱和人沟通,是害怕不确定性。搬砖多确定啊,放一块就是一块,特别安全。但安全不代表有价值。管理的确变数多,但是管理价值高啊。你得知道需求是啥,砖头放哪儿,什么时候放,整体要做成啥样,谁来住。然后,你还要分活儿,验货,保证质量。而且,当你真的带着大家做成一件事,和产品经理、销售一起帮到一家公司,看着他们用你的产品,然后拿到奖金给大家分钱,这种成就感,比敲代码爽啊!

"反正我说,"强哥扒完最后一口饭,"**人出来混总得吃点儿苦,不吃成长的苦,就吃憋屈的苦**。那不如主动冲出去。对了,说到技术路线,你要关注一下大神。我跟他同一年进公司的,不过他比我静得下心,一直搞技术,现在都是行业名人了。"他说着,给王鹏推了个公众号。

王鹏知道大神。他是个天才程序员,很年轻就写了个产品卖掉,赚了第一桶金。他加入这家大厂,因为他想用技术改变世界。业余时间,他经常在技术论坛里发言,一方面是为了提高自己的行业知名度,另一方面希望帮助新一代的技术人才。很巧,这个周末他就有一场《编程的技术与艺术》的公开演讲。王鹏赶到现场,正赶上他分享技术人的晋升之路:

"程序员—系统分析—架构师—技术经理—CTO,这是一般程序员的成长之路。不仅是程序员,大部分的专业路径,都是一样的。一开始写小模块,然后理解系统,搭建小模块,最后创造一个大的、完整的体系。

"我们不是常说,编程是搬砖吗?技术的成长之路就从这里开始。搬砖久了,就会想盖房,这就是架构师。等房子盖熟了,就会想盖个小区,这就是技术经理。最后,你总会想设计个大教堂,这就是CTO。

"不过我想强调的是,我们专业人员不喜欢沟通,但每前进一步,你都要和更多的人沟通。

"盖个房子,你总得知道,哪要进门,哪要开窗,这些都需要你去沟通;你能用多少人、多少砖、多少时间,这需要你内部协调。如果是搞小区,那么还要考虑车道、人流、绿化……改变越多,沟通的层面越广。**不和人打交道,技术没法进步。**

"**这也是专业人成长的三个阶段:Know Why——知道为什么做,Know How——知道如何做,Know Whom——知道为谁做。**"

有点像《一代宗师》里面讲功夫的三个境界:见自己,见天地,见众生。王鹏想。

"古希腊人说,人是万物的尺度。人也是技术的尺度。只有当你的眼光从眼前的技术,移到整个价值链上,最后直接落到一个个具体的服务的人的时候,你手中的技术才会真的变成改造世界的利剑。"说这话的时候,大神的眼睛有光在闪。

啊,这和胖子说得一样。**走通价值链,才知道技术的价值。**

大神继续说:

"讲到这里,都是科学层面。到这个程度盖个小区、搭建个业务已经没问题了。但是要设计教堂,我们就要从科学走向艺术。"

大神换了下一张 PPT:

"一座教堂的外部装饰,十年一翻新。内部的动线设计、桌椅摆放,二十年一翻新。但结构、承重、采光,则可能要历经好几代人才能建成,以后几百年都不变。怎么设计一种穿越几百年的东西呢?你已经没法通过和几个人,甚至一代人的沟通来获得需求，你需要主动去思考和发掘不变的人性。这个时候，技术就从服务变成引领，从技术到了艺术。"

听到这里，很多听众已经糊里糊涂，只觉得索然无味，但王鹏却越听越带劲，这才是他一直想探索的东西。他忍不住举手问道："那该怎么理解人性呢？"

大神点点头，嘴角勾起欣慰的微笑："通过艺术、哲学、自然科学，看那些已经存在了很久的东西。经典的建筑、绘画、音乐常常能给我灵感，数学、物理、生物跨度告诉我们底层规则。这一切触达的，还是你自己的人性。**人是万物的尺度。当你去观察艺术，去读书、旅游，你就开启了洞察自己的过程，你对自己洞察得越深，越能理解共通的人性。带着这种理解回到技术层面，你就是改变世界的大神。**"

最后，大神看一眼王鹏，翻出来一张乔布斯演讲的照片，背后是技术（Technology）和人文（Liberal Arts）两个路标交错，乔布斯站在中间点上。

走出会场，阳光照在身上，大神的观点也照进王鹏脑子里。他第一次感觉到，什么叫"开天眼"：在一个生活了很久的黑暗房间，当你以为自己对一切都了如指掌，没什么新鲜的，却突然发现有扇窗，推开它，外面是个辽阔无比的世界。爬到窗外，你发现自己原来住在地下室，楼上是座雄伟的教堂。这个常年在黑暗中生活的人，需要很长时间恢复视力，重新看待世界。

王鹏努力理了一下思路,发现所有这些信息都指向一个方向——关注人的需求,关注人性。

怎么关注呢?自己就是最好的样本,需求、人性都在自己身上,本自具足。

他想起胖子的话,"放下成见,人间处处是生机"。

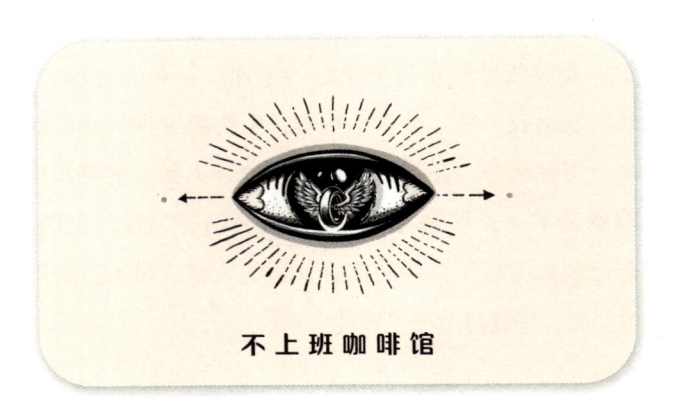

不上班咖啡馆

觉醒卡·瓶颈突破

* 到了 30 岁,年龄不是价值,专业不是壁垒,公司不是家。
* 收入不由你的能力决定,而是由愿意最低价出售自己能力的人决定的。
* 大部分职业工资最高的一年,发生在一个人的 30 ~ 45 岁之间。
* 30 岁人的六条出路:专业、管理、转型、平衡、自由职业、创业。
* 过度追求专业和技术崇拜常常会阻碍整体价值的创造。

* 梳理自己所在岗位的价值链，回归到人的需求，能让你更好理解技术的价值。
* 专业人成长的三个阶段：Know Why，Know How，Know Whom，见自己，见天地，见众生。
* 人是万物的尺度，也是专业的尺度。

GOGOGO

（1）了解自己的价值链角色；问问自己，当前你的工作从找到客户到创造价值，一共分成哪些工序？你在其中是什么角色？

（2.）你希望在这个链条里，占据什么更重要的位置？

（3）现在的你，在专业成长三阶段的哪个阶段？

1. 完成上述任意一项任务，可免费获得"可以不上班"咖啡一杯。有效期15天。
2. 店主胖子拥有一切解释权。

07

超级个体 = 独特优势 × 小众需求

洱海之所以叫洱海,是因为鸟瞰它像一只耳朵。沿着耳朵向上侧走,到耳朵尖折返的地方,有一大段直路。路边停了一排小面包车,车身画着各式 LOGO,后备箱门掀起露出酒水柜,店主们从车箱里拿出两个小凳和一张桌子,一支,就是一个移动咖啡馆。坐在这里,夜酒日咖,凭海临风,自在爽快,是环海一景。

天蓝这天从早上八点起来,忙到下午两点,看了一堆别人的产品,越看越觉得自己没啥优势。正好小院有人开车环海,于是蹭车散散心。绕过耳朵尖,竟然远远看到一个熟悉的招牌"不上班咖啡馆",这是中关村那家的分店吗?天蓝忙要下车看看。

走近一看,竟然是胖子本人在冲她招手!这次,他穿着帅气的黑色骑行夹克,牛仔裤配工装靴,就是那副复古骑行眼镜和快要绷不住肉肉的脸,让天蓝有点想笑,但她又忍住了。

旁边停着那辆白色摩托车，尾箱掀开，竟然也有一套迷你咖啡机。原来胖子也在学人做移动咖啡馆。

"胖子！你怎么在这儿？你也来大理啦？"

"我刚到，坐坐坐，喝杯咖啡。"胖子用力拽下眼镜，似乎并不惊讶。

"你怎么会在这里？"天蓝伸手想去摸摸胖子的头，确定这是不是真的。

"别别别上手。"胖子拍开她的手，说起自己的故事，"这几个月，大厂继续裁员，我的一个小兄弟也被干掉了。他特别想出去走走，想来想去，准备骑车来大理。我就让他骑我车去。"胖子指指身后的摩托车。

"北京到大理三千公里，都是国道，一般人要骑个六七天。但小伙子憋了这么些年，根本不觉得累，一口气开下来，五六天就到了，准备住一周就往回返。"

"结果，你猜怎么着？"胖子一拍大腿，"他在大理古城遇到了一个姑娘，两个人一见钟情，好得不行。他给我电话说，'老大我不想回去了，我要在这里住一段。'你看这理由——真爱和自由，没法抗拒吧。"胖子两手一摊，大摇其头，"没办法，我只好自己飞来，把车骑回去啦！这几天顺便转转。没办法，重色轻友，最佳损友。"

听完胖子的奇遇，天蓝哈哈大笑，觉得世间事妙不可言。另外，听到胖子不开心，她开心了不少。她把自己怎么到了大理，又怎么自由职业碰壁，今天怎么一时兴起来这里的经历讲了一遍。

"我们也太有缘分了。"天蓝说。

"烦恼即菩提，缘分即问题。遇到问题，就是遇到缘分啦。"胖子举起杯子和天蓝一碰，说，"不过要先祝贺你走上自由之路！虽然有很多的烦恼，但都是自由的烦恼。"

天蓝说："对啊。以前我从未想过，自由也是有烦恼的。没有目标，没有反馈，没有伙伴，也不知道自己做得好不好。再这样下去，感觉迟早要废了。从来没想过，自由职业也不是好受的。唉，生活不仅仅有眼前的苟且，还有远方的苟且啊。"

"是啊，自由职业自由职业，难点不是自由，而是职业啊。每种自由背后都有责任，责任背后都需要能力。我在城市骑行，戴个头盔就能出门，但要骑行三千公里，就要带一大堆装备，穿上全套护具。同样地，自由职业也需要很多装备啊，比如现在你遇到的问题——怎么给自己定位。"

"怎么给自己定位呢？"天蓝毫无头绪。

"没概念，因为你没干过，在职场不需要给自己定位。你的职位是领导定的，你干什么是流程定的，你早就被定死了。公司不要你有核心竞争力，而要你有核心忍耐力。但现在你什么都能做，所以跟在公司完全相反，你需要聚焦一件事的定力。"

公司当然不需要你定位。天蓝想，大公司有这么长的业务链条，一个人根本看不到头。很多时候，天蓝觉得自己像一个千人拔河比赛队伍中的一员，你既看不到对手是谁，也不知道进度如何，只需要听着OKR拼命拉；同事也不知道谁真的在用力，都只好做出很使劲的样子。这就是内卷的开始。

现在只有自己一个人干，就这么点精力，东搞搞西搞搞，一年也就过去了，自己账上的钱也不多了。天蓝意识到，自己走入了一个她从没经历过的地带。不过她反而有点兴奋，这不就是她离开职场，独自一人走入旷野想经历的吗？

"有些人以为，自由职业者就是想做啥做啥，但这只是自由，不是职业。"天蓝听得点头如捣蒜。

"所有**职业的本质，都是通过替别人解决问题来获利**。而自由职业只有一个人，是需要通过自己的优势，替别人解决问题。这里有两个要素：一个是自己的优势，一个是别人的需求。定位，就是要找到这两者，然后在悦己和悦人之间，找到平衡。"

天蓝有点明白自己过去在哪里碰壁了：关起门来做课和写书，根本不知道对方的需求，完全是悦己——专业不是定位，除非专业能解决别人的问题。旅游博主呢，倒是有人想找旅店，比较悦人，但是自己也没有这个优势。读书博主自己倒是有点优势，但是相比之下也不突出——兴趣也不是定位，因为兴趣也不能给别人解决问题。

"是的，只考虑兴趣、考虑专业，这是纯悦己；只考虑流量，或者别人干啥我干啥，这是只悦人。这些都没法支撑一个职业。要把悦己和悦人打通，把优势和需求对齐。"胖子说。

"这个我熟,和我在公司做业务是一样的,先去摸市场,找用户需求,调研竞争对手,然后组织团队来满足他。"天蓝又自信起来。

"不不不,这就是定位的第二个坑:习惯性的'跟随模式',也叫 Me Too 模式。就是你干什么,我也干,大不了便宜一点,最后搞得谁都赚不到钱。这个模式专门是你这样优秀的人踩。在公司里越优秀,在自由职业方面就越碰得头破血流。"胖子这个讨厌的家伙,他似乎总有一堆"不不不"在等着你,不过"不不不"完,他也总能给个新出路。

"自由职业者要反着来,用'创造模式'。我给你讲个故事吧。我们咖啡馆有个顾客老吴,他是名校 EMBA,六十岁从高管退下来想做自由职业,他看上了银发经济。他先做了个宏观的市场调查,中国人口十四亿,老年人近三亿,这里面收入比较高的有一亿……总之,他对着中国地图,算得心潮澎湃,未来几年这市场总量前景无限。"

天蓝点头,她读过 MBA,这是标准的市场调研思路。

"他做了一圈下来,发现市场的确很好,但该怎么启动呢?他彻底蒙了。因为按照他那套逻辑,下一步就是锁定最有需求的赛道,找人找钱开始干。但一查发现,那些赛道早就挤满了公司。自己退休了,就是想闲一点,做点有趣的事。难道要重新创业不成?但是自己一个人做,该做什么呢?"

胖子拿起一张餐巾纸,画了两个同心圆,在外面的圆写上：**组织力量 × 大众需求**，在里面的圈写上：**独特优势 × 小众需求**。

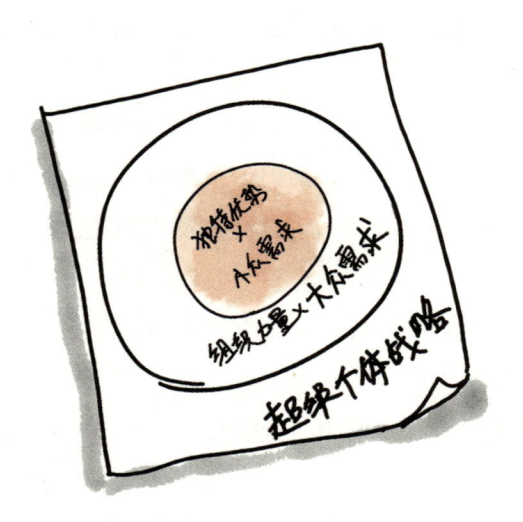

"我告诉他，自由职业者就是一个人的创业公司，他的思维方式，要反着来，才有胜算。你要去找那些大公司看不上的小众需求，结合你自己独特的、大公司没有的优势。这样才能赢。"

胖子在餐巾纸上，重重地把内圈用笔涂黑。

"简单来说，你不要把注意力放在外圈。你要好好发掘你自己，这才是你一个人的商业模式。"

"那该怎么发掘自己呢？"天蓝好奇地问。

"提问题啊！**问题比答案更重要**。我问他，'这个市场你是怎么发现的？他解决过你的什么问题？'这么一问，他想起来了。他的灵感是从他父母房屋的适老龄化改造来的。老人到了一个阶段，感官灵敏度、手脚力量都降低，房间需要重新安装扶手、夜灯、防滑垫、警报器这套东西。为了给父母改造房间，他也反复比较过很多厂家，查了很多国内外资料。这就是他的'独特优势'。

"我继续问，'你身边有哪些人，也需要这个东西呢？'他马上想到很多，他 EMBA 的同学，都是同龄人，也都愿意给自己的父母家做家居改造。这些人都信任他，这是他的'小众需求'。

"我最后问他，'你准备一年赚多少钱就满足呢？'他说，'一百万，心满意足。'

"讲到这里，我给他算了一笔账。一个中高端的方案在 8 万到 20 万之间，大概有一半的毛利。如果平均一个方案 12 万，你只需要每年开发 15 个客户就够了。第二年还有转介绍。这么干个三年，是不是每年稳稳地有一两百万收入？

"老吴听完直拍大腿，'嗨！我还准备觍着老脸去做抖音，去和你们这些年轻小伙子拼呢。（说到这里胖子很得意，我是年轻小伙子哦。）我就应该扔掉中国地图，打开手机通讯录，找 EMBA 的同学吃上十顿饭，就够啦。'你看，他这就是用这个公式，创造了自己的商业模式：超级个体＝独特优势 × 小众需求。"

听完这个故事，天蓝觉得，自己似乎有些开悟：自由职业的最大优势，是灵活自由。而这里最核心的优势，其实是"自己"。过去一段时间，自己一直在找别人、找市场，却忘记发掘自己这块大宝藏。**总盯着别人的人，没法自由。**

超级个体 = 独特优势 × 小众需求

想到这里，天蓝一下子从躺椅上坐起来，盯着这个公式，问胖子："我该怎么找到自己的独特优势和小众需求呢？"她本来想惯性地说，"我可没读过 EMBA，没那么多好同学。"但她生生把这句话吞下去了，她发现自己还是有跟随模式，但关注自己才是重要的。

"每个人都有很多独特优势，只是缺乏发掘罢了。你看，你有过很多职业的成就，这里有你的'职业优势'；你有独特的学习经历，你的专业、证书、受过的培训，这都是你的'专业优势'；你还有自己的独特人生经历，这更加是你独特的'生命优势'。这三种优势，都藏在你的生命里。"

说到这里，胖子似乎想起来什么："对了，你听过那个牧羊少年奇幻之旅的故事吗？牧羊少年在一个西班牙教堂里，连续三天做了同一个梦，梦见埃及金字塔下有一堆宝藏。他卖掉了所有的羊群后上路，途中经历了各种磨难，终于到达金字塔下面。"

"当然！"这是天蓝最喜欢的一个故事，她马上接了过来。

"他在金字塔下找到梦中的地方挖掘，却吸引来三个强盗，他们觉得他一定在下面藏了金子。他们毒打他，直到他奄奄一息。少年想反正要死了，于是讲出了自己关于宝藏的梦。强盗却哈哈大笑。一个强盗说，'我也很多次做过类似的梦啊，说在一个西班牙教堂的神像正下方有巨大宝藏。但只有真正的白痴，才会因为相信一个梦，远渡重洋。放了他吧，他是个白痴。'他们放了少年。而少年突然领悟到了梦的真意，回到自己出发的教堂，挖到了真正的宝藏。"

胖子眼睛看着水面，似乎在和天蓝一起观看这个故事，"现在，有个人因为追寻自由而离开职场，来到远方，却碰得焦头烂额。有没有可能，她要找的自由，其实一直就在她自己身上？"

天蓝被一种巨大的电流击中，那个熟悉的故事突然和她连接起来。过去这么长时间，**她总是不断在"寻找自己的优势"，其实这句话完全错了，应该是"发现自己的优势"甚至"认领自己的优势"。自己的优势从来、已经、早就藏在自己生命里。她心心念念的故事里，就藏着自己的未来！**她正想进一步问，那具体该怎么找到自己的宝藏呢？可胖子却在躺椅里滑了下去，大大地伸了个懒腰，把手搭在肚子上。

"哎呀哎呀，这么美好的地方，我们是不是应该发个呆啊？别聊优势啊需求什么的，我现在的需求是睡个觉，你先好好喝口咖啡，拿张打折卡，我们下次再聊。"

不过，现在的天蓝，似乎也不再着急追问。她相信，自己身上就有宝藏。

此刻，她闭上眼睛，享受微风吹拂，阳光爬在身上，晒干过去一段时光的迷茫和焦虑，她已好久没有感受这样的宁静了。

等再睁开眼睛,胖子已经不见了,她手里还攥着一张觉醒卡。

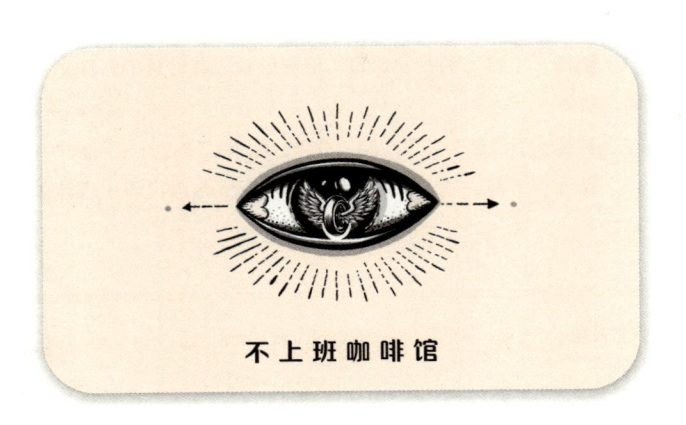

不上班咖啡馆

觉醒卡·IP 定位

* 超级个体＝独特优势 x 小众需求
* 自由职业的难点不是自由,而是职业。
* 自由职业就是通过用自己的独特优势解决别人的问题来获利。
* 不要把注意力放到大市场大需求,而是回到自己身上。
* 丢掉中国地图,打开手机通讯录,独特优势和小众需求,都在你身上。
* 不断看别人的人,没有自由。
* 你心心念念的故事里,有你的未来。

GOGOGO

从三个方面，寻找自己的独特优势：

（1）整理一下自己的专业背景、培训经验，看看其中有什么独特优势？

（2）整理一下自己的项目经验，你曾经帮谁解决过什么问题？

（3）整理一下自己的个人成长过程，你曾经帮自己解决过什么问题？

1. 完成上述任意一项任务，可免费获得"可以不上班"咖啡一杯。有效期15天。
2. 店主胖子有可能随时离开大理，见不到概不负责。

08

技术转管理的四大天坑

天蓝的宝藏在自己身上，王鹏却发现，自己的宝藏在别人身上。

在听完大神的演讲后，他觉得不管怎么样，要让自己动起来。公司暂时没有位置空缺，他便找到领导强哥，表示有机会，自己愿意带项目，攻关难题。产品经理来团队找人的时候，他不再是低头假装没看见，而是主动迎上去帮忙。他甚至会主动替 HR 筛筛简历，帮忙面试时，也不再把年轻人当成假想敌。

几周后，公司招进来几个年轻程序员，他积极地传帮带，教他们熟悉代码，带他们了解公司规范。中午，王鹏时常和他们在会议室，一边吃饭，一边分享行业新技术。两个多月下来，他变成了"鹏哥"。王鹏慢慢开始觉得，和人沟通也不是那么难。客户提出来一个新要求，需要技术攻关，王鹏临危受命，组建了一个小团队，进入了实质的项目管理中。王鹏的技术管理之路开始了。

不过，管理之路并不平顺。王鹏是那种愿意熬夜到半夜，死磕难点的人。但新来的年轻人显然不愿意受这种苦，经常抱怨工作太累，要上两份班。老同事们应该是拉了一个新群，原来的群里很少说交心话了，日常的对话全变成了开会、对目标、讨价还价。果然应了那句话，王鹏想——没有人会嫉妒国王，除了他的弟弟。没人会嫉妒你的升职，除了老同事。

以前做同事时没发现，团队的技术水平比他想象的要差得多。一份工作布置下去，等了三天，拿到的结果让你恨不得把报告撕碎，砸他们脸上。"再来一遍！要这么改！明白了吗？"结果，他们说是明白了，但再来一遍的结果也好不到哪里去。本来想大发雷霆，但项目不等人啊，王鹏只好"放着我来"。

次数多了，组员开始明白，"我差不多就好"，因为可以"放着你来"。王鹏越来越忙，组员却越来越闲，也没有成就感。王鹏变成了头号救火队员，每天都有解决不完的问题，累到崩溃。而团队则化身足球评论员，"啊，这个项目有问题……老大，那个进度眼看就不行了……"

这天王鹏帮着大家改程序到晚上八点，饿得头晕眼花。下楼拿外卖的时候，在楼道听见两个组里的程序员在抽烟聊天。一人说："最近工作怎么样？"另一人悠悠地吐出一口烟，说："我觉得公司战略有问题。"门外的王鹏勃然大怒，领导在抓管理，老子在编程序，你们都在思考战略问题！反了吧！

外卖到了，他也没心思吃，去便利店买了一包烟。王鹏从来不抽烟,但此刻心里难受,觉得一个月管理下来,全是破事,生命全浪费了。想学着抽烟解闷,烟雾进口,他被狠狠地呛了一口,猛烈的咳嗽让他泪水直流。但这么一口烟,让他想起个老烟枪——胖子。

自己这条管理之路,是胖子打开的,要不要和他去聊聊呢?不过,胖子一个人搞个咖啡馆,没事骑骑车,逍遥自在,也没见他自己做管理啊?

死马当活马医,聊聊再说吧。

王鹏来的时候,胖子果然坐在咖啡馆门口的小桌子上,晃着腿悠闲地抽烟。看见王鹏的表情,知道他一定是遇到什么难处,递过来一支。王鹏摆摆手说:"我陪你抽烟,你有空听我说几句吗?"胖子端过来一杯咖啡,开始听故事。

王鹏把这两个月经历的事,从头到尾讲了一遍——自己是怎么走访价值链、怎么主动沟通、怎么临危受命,最后别人又是怎么对他的。讲到激动处,王鹏用手砸了一下桌子,"人心真的太坏了,我在这忙到吐血,别人却等着吃鸭血火锅。我管不了这些人,我还是回去写代码吧。"

胖子听得很认真,他眼里没有一丝讽刺,倒全是鼓励。听完以后,他拍拍王鹏的肩膀:"想不到这些天,你做了这么多事,尝试了这么多东西。这已经很了不起了。你知道吗?**好的开始如果是成功的二分之一,坏的开始,就是成功的三分之一。而完美的开始,根本不可能。你已经走出了很重要的一步。**"

他慢慢呼出一口烟，说："我帮你总结一下，过去两个月，你就徘徊在这些状态里，你看对吗：遇到问题，你第一个冲上去救火，大家觉得你厉害，自动往后退。结果你累死了，大家也没成长，问题还要等着你继续救。难得遇到没问题的好日子，你累得要死，正好休息会儿，也顾不上搞什么管理了。这么搞下来，项目进展就慢，更别说多发奖金，所以一切就按照规矩来，该发多少发多少。等到跨团队沟通的时候，你这点精力早就用完了，对方一旦提个需求，你就特别生气，觉得别人不懂专业，对自己的专业指手画脚。也没空准备给领导汇报的内容，对不对？"

王鹏频频点头，胖子是在自己办公室装了摄像头吗？

胖子歪着脑袋，有些同情地说："结果可以想象——你忙得要死，大家没啥成长，工作也没做好，领导面前还落埋怨。你一点都没做错，但全部都歪了。所以，你觉得自己根本不适合当管理。"

说罢，胖子拿出一张餐巾纸，写了四个词，递给王鹏。

救火、被动、清高、技术崇拜

虽然都不是什么好词，但这几个词的确很精准，王鹏不得不服。

胖子说："这是好事啊。世上没有新鲜事，每个技术人做管理，都会遇到这些障碍。你越早碰到，越是好事。我给你说个故事。我不是爱骑摩托车吗？有一次，几个朋友说，胖子你经常出去玩，带我们一次好不好？我一想没问题啊，给他们找了最好的风景路线，我骑车在前面探路，他们跟着，听上去很完美吧，我们高高兴兴地出发了。路上，我总是兴冲冲指一个山头说，来，那里风景好，然后就一溜烟上去了。结果他们开的家庭轿车、商务车，根本上不去，还有几个抛了锚，卡在路上抱怨。那天大家都很不愉快。我觉得自己一片好心，他们觉得我根本不靠谱，不欢而散。后来我才意识到，我那天不是一个人去冒险的，而是去管理团队的。他们也并不需要冒险，他们要的只是走出城市到处转转。我把我的摩托车思维，带入团队旅行，肯定大家都不开心。"

他指指王鹏坐着的凳子："现在你也是这样，坐上了管理岗位，脑子还在技术线。管理这么难，可能不是人心不古，而是自己站位不对。"

王鹏说："那，难道你就放弃摩托车了吗？那才是你的优势啊。"

"我不需要放弃摩托车，我只需要增加管理技能就好。**技能是工具箱，你没必要给自己做减法，学一个就要丢一个。而是要学会给自己做加法，学一个，多一个，你的掌控圈就越来越大了。**"

胖子做了一个骑车拧油门的姿势："可以是灵魂车手，也可以是妇女之友。怎么样，想不想了解一下管理的技术？"

王鹏一下子来了精神："说说看。"

"首先说**救火队员**。这个很清晰,你越是解决难题,大家越是依赖你;而你越是解决得好,就越对团队不信任,大家也越不想主动挑头。长久下来,会形成恶性循环。你累死累活,大家原地踏步。很多牛人带团队,把团队越带越尿,就是这个道理。"

"我理解了,可我总是忍不住。一旦自己不解决问题,就好像没有了价值。每天坐在工位上,不知道该干什么。"王鹏说。

"这是搞技术的惯性。技术岗位最大的成就感就是解决搞不定的难题,这感觉有瘾。但转向管理,则需要你增加一种技能——帮别人拿到成果,获得成就感。再说一次,不是转变自己的成就感,而是多增加一种成就感来源。"胖子说。

这就是强哥说的,要带大家一起干成一件事的那种感觉。王鹏点点头。和天蓝喜欢钢铁侠不一样,他更喜欢看复仇者联盟,一群人一起做成一件事,感觉真的很妙。他问道:"那我该怎么找到自己带队作战的成就感呢?"

"这要提到技术转管理常踩的第二个坑:**甩手掌柜,也叫被动管理**。不过这也难怪,救火队员忙下来,的确没精力做主动管理了。所以你回想一下,自己的很多'有惊无险,力挽狂澜',是不是都是因为没有'提前管理,预警危险'?"

好像是这样,王鹏回想过去几个月,自己像切水果的忍者一样,一旦问题跳出来,就漂亮地挥刀解决,却很少去想这些水果从哪来的。比如,虽然有计划,但他拆得并不细,也没有要求汇报，很少检查。等到快要交工才发现进度崩塌，只能加班自己搞。

还有一次，团队两个同事吵架，自己懒得干预，想着他们自己解决算了。他知道，自己心里希望大事化小，小事化无。但结果并没有，最后其中一个人愤然离职。包括给领导汇报也是，别的团队提前找资料、做 PPT，他更多靠临场发挥，结果资源争取的就是不够。

"项目管理里有一个 1-10-100 定律。事情计划只需要 1 的成本，事中改进就需要 10 的成本，而事后再修正，就需要 100 的成本。所以没事的时候，提前做 1，等出问题就不需要 10 和 100 了。你过去只能看到 10 和 100 的显性价值，却看不到 1 的隐性价值。这也是你觉得没成就感的原因。最好的管理不是有惊无险，而是无惊无险——No Surprise。

"所以，这个掌柜的，要从甩手掌柜，转变成动手掌柜，要主动建立起来流程管理机制，提前订好计划……"

"这些我都有做啊！我订了计划，也分到了每个人，但有些人就是不推进，质量马虎，说了也没用！"王鹏愤愤地说。

"人不是机器，管理者不能指望人像电脑一样，设定好参数一按回车键，就确定无误地执行下去，返回结果。"胖子从手边拿出一张餐巾纸，画出一个四边形，在格子里依次写上：计划、组织、指挥和协调、控制，下面写上：管理闭环。

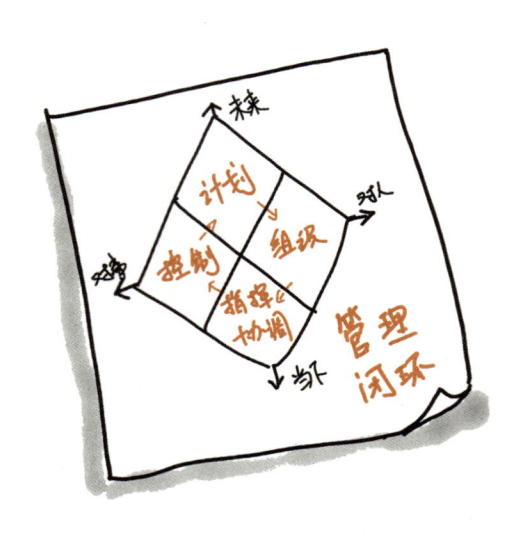

看到王鹏还是一脸蒙，胖子眼睛一转，换了一个方式："王鹏，听说你是养鱼高手，你能不能给我说说，怎么设计一个海水养殖箱啊？"

讲到自己擅长的领域，王鹏起了劲头：

"养鱼先养水。首先要计划一下家里要养几条鱼，因为这决定了水箱的容量。然后要配置照明灯、过滤器、换水装置。当然，还要看看自己有多少钱。然后呢，要依次把这些东西安装起来，放到合适的地方。

"这事可没有听上去这么简单，常常会出现具体问题。比如说加热器功率不够，要及时发现，增加更大功率的。排水管的口径不一致就会漏水，要自己用胶水安装，胶水还要是无毒不溶解的，否则鱼也会死。

"即使这样,一个生态也不是马上建立起来的。有时候,珊瑚会大片大片地死,这其实是水出了问题。这时候就需要尽快测量水的酸碱度、盐度,除掉一些绿藻,以免绿藻遮蔽日光,让水体重新激活……"王鹏讲起来养鱼,简直停不下来。

突然,胖子打断王鹏:"这不就是你的管理闭环吗?设计水缸,计算配置,这是'计划'。把合适的设备安装到合适地方,确保正常对接,这是'组织'。出现问题,及时排查,这是'指挥和协调';最后,你有那么多的温度计、水体测量仪器,这是'控制'。你看,你是一个养鱼高手,你就肯定是个管理高手。你需要的,只是换个方式做。"

"可是,机器一旦设定了,就会自动运行。但是人呢,人总会拉胯啊。"王鹏不服气,"再说了,遇到问题,难道他们不是应该先自己解决的吗?这事很简单啊。"

"王鹏,不是每个人都像你一样厉害的。专家往往有个大误区,认为团队的动力和能力都和自己一样。交代工作时,他认为只要简单把问题一讲,团队自己就能干,其实根本没戏。

"就像前面跟我出游的朋友,他们最害怕我说的一句话就是'我知道有一条近路……',因为半小时以后,大家的汽车肯定都搁浅在路上。后来我想通了,牛人之所以是牛人,因为他们比一般人更加聪明,更加努力,但团队里不可能每个人都是牛人。"

王鹏想起团队成员对自己的吐槽:"头儿,我最怕你说的一句话,就是'显而易见',你显而易见的事,我们想破脑袋都出不来。第二句是，'这不就是什么什么吗？'"

胖子大笑道："这就对了！我再给你说一句你们小伙伴不敢说的话：'头儿，如果我能这么好，我就不在你手下当兵了。如果你真的那么牛，你也不用管我们这群大头兵了。'"

唉，这两句话真的应该裱起来，挂在墙上！王鹏想。难怪他手下的年轻人、老同事，各有各的想法，的确不是人人都如他一样拼命。再说，真正比他强的，早都是大项目经理，甚至出去当 CTO 了，哪里轮得到他来管呢？心里想着，对团队的愧疚又多了一分。

"那我该怎么激励他们呢？我得回去给他们好好讲讲技术文档，帮他们成长。"

胖子哈哈大笑："你可以试试看，不过搞不好会碰一鼻子灰。你之前带大家午间学习，愿意的就来，这样没压力，大家还挺高兴。但工作时间组织业务学习会？大家会抱怨说，唉领导，你放我回去干活吧，我工作还没做呢。"

这个胖子，肯定是装摄像头了，王鹏想，连同事怼我的话都一模一样！王鹏组织了三次业务学习会，还带大家一起读书，但都不了了之。

"技术大牛还有个毛病——只关心团队的专业成长，却很少关注他们真实的需求。这就是第三个坑，清高。我们前面说过，大部分的打工人都是第三种石匠，没啥梦想，想要赚钱，跟着你干，中线是希望学到东西，高线是升官发财，但底线，也要图个心情舒畅。"

"但是,他们拿了钱了啊,而且我们工资还可以,我也没有权利调工资,我还能做点啥呢?"王鹏两手一摊,巧妇难为无米之炊。

"能做的事其实挺多的。技术团队的苦,你自己是吃过的,受苦受累缺认可。你是不是可以在向上汇报的时候,提一提他们?有些人真的很优秀,你能不能为他们争取更多机会?"

"但现在项目还没啥成果,我实在张不开口啊。"王鹏说。

"那至少可以陪他们聊聊,他们自己的发展,看看能不能提供点儿项目经验。将心比心,你自己做员工的时候,是不是也希望有这样的领导?对了,还有件事特别重要。"

胖子说:"你要保护你的团队成员。技术团队有时候在专心处理问题,忙得要死,结果莫名其妙被其他部门投诉,心理一下子就垮了。这个时候,你就是他们最后一道屏障,你要站出来保护他们。这个时候你如果怕烦,让他们自己解决,别人会怎么想?如果你不能成就他们,至少要保护他们,也不枉他们叫你一声'领导',叫你一声'头儿'。"

王鹏听得脸上发热,他常常嫌烦,总让兄弟部门直接找下面的伙伴。如果他都觉得烦,团队更是承受了巨大的压力。

"最后一条,我倒是觉得你做得不错,就是放弃'技术崇拜',主动去沟通需求。"胖子说,"自从走完价值链,你开始真心地关注客户,关注销售和产品的需求。这是因为你真的理解了这件事。"

救火、被动、清高、技术崇拜……

王鹏对着这四个词,把他们和自己过去的经历一一对应。他逐渐发现,自己管理做不好,甚至被孤立,基本属于罪有应得。想到这里,他呆坐在那里,自我责怪起来。

胖子在他眼前打了个响指:"嗨,别太沮丧。谁都是第一次做管理,不懂很正常,学就是啦!你能做养鱼高手,也一定能管理好人。记得时常温习这个管理闭环。"

王鹏此刻似乎也多了一些信心。他对胖子说:"老板,我以前总觉得转管理是能力、性格、技术的问题,现在发现,其实是心智问题。我过去总活在技术的狭隘视角里,这让我感到安全,但看不到真相。我把每个人都当成是我自己来管理,最后碰壁是注定的。

"以前,我觉得自己不说有多优秀,至少是个善良的人,现在发现,这种所谓淳朴的善良,反而容易坑人。我真的对别人缺乏了解。不做管理,真的不知道我有这么多臭毛病。"

"职场如道场,新事情像镜子一样,能照出很多问题。**不过当问题被看见,就已经解决了一半了。**"胖子挥挥手,"接下来一半,就是个修炼闭环的过程啦。"

王鹏的大脑突然跳出来个超链接:"胖子,我看过一些佛经,里面讲到人的三毒——贪嗔痴。我觉得管理也有贪嗔痴:身为管理者,还要抢一线的成就感,是贪。看到别人达不到我的要求就生气,是嗔。对别人的需求视而不见,只认为技术是对的，这是痴。我一身贪嗔痴，管理这面镜子都给我照出来了。也许，这就是我要的修炼。"

胖子眉毛一扬："哦呦哦呦，管理都被你上升到哲学高度啦！厉害厉害。难怪大家叫你博士。是的，**真正的转变都不是来自技术，而是来自内心。心放对了，事都有答案**。不过博士，佛经也说，过去心不可得。这些事经历了，就经历了。不用再纠缠自己过去的不足，重要的是未来该怎么做。"他用手点了点那张餐巾纸。

王鹏一下子站起来，现在他连咖啡馆都不想进，只想回家去做个新的方案。走出几步，他又想起来什么，转身问胖子："对了，我现在有信心把项目管理做好了。那未来，我应该走专业、管理、转型哪条路呢？"

"**人们总爱提前规划路线，其实路不是想出来的，是走出来的**。你规划好要走什么路，外界也不一定有机会。你没真的走到路口，也不一定有感觉。不如专心做好手头事。等机会来了，你自然会有选择。你说呢？"

这胖子居然也佛里佛气起来，他单手举在胸前，右手持烟，冲着王鹏的背影大声说：

"想都是问题，做才是答案。阿弥陀佛，博士施主，过去心不可得，未来心不可得也。"

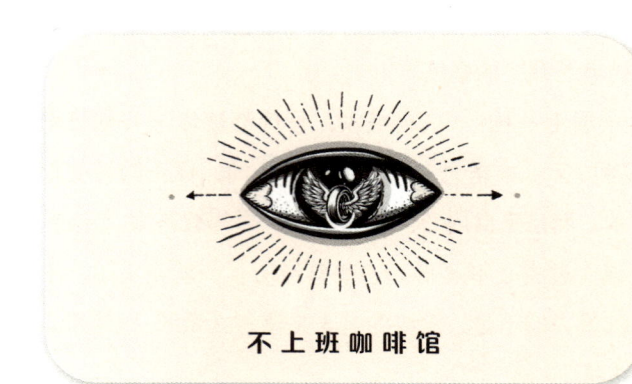

觉醒卡·掌控管理

* 管理是从个人贡献者，走向组织贡献者。从特种兵变成排长，需要调整站位。
* 救火、被动、清高、技术崇拜，是专业人士做管理的四大天坑。
* 好的管理不是有惊无险，力挽狂澜，而是提前管理，预警危险。
* 管理四大职能：计划、组织、指挥和协调、控制。
* 大部分打工人，都是第三种石匠。管理就是带领平凡人成就非凡事。
* 好领导要主动归功员工、争取利益、帮助发展、保护团队。
* 所有的转变，都是心智的转变。
* 路是走出来，不是设计出来的。做好手头事，机会自然会出现。

GOGOGO

（1）你做过管理吗？（哪怕是最小的项目，比如筹办一个会议。）回顾一下这个过程，看看自己做对了哪个环节，又错过了什么环节？

（2）在你的管理经历里，你最常踩的天坑是什么？（可参考管理的四大天坑）

1. 完成上述任意一项任务，可免费获得"可以不上班"咖啡一杯。有效期15天。
2. 店主胖子拥有一切解释权。

09

成为专家的三个秘密

这天,天蓝刷到王鹏发的朋友圈,"感谢大家,我们成啦!"

照片里王鹏变化很大。他头发更短了,显得更加精神。黑白格子衫换成一件天蓝色的 Polo 衫,他身边围绕着七八个人,他们共同举着一个奖杯,神采飞扬。

天蓝放大照片,仔细看了奖杯,看出是他们得了最佳团队总裁奖。天蓝感觉到,王鹏变得更平和、接地气了。

天蓝迅速转到他们的私奔群,圈了王鹏:"博士,真棒!"

王鹏说:"我请大家吃饭。"又专门圈了天蓝,"你还好吗?"

天蓝还不错。上次见过胖子以后,她梳理了自己的三类优势:

- 专业优势:中文系毕业,有很好的文字功底;零零碎碎学过心理学、塔罗、占卜的课程,有一些还有证书。
- 职业优势:在大厂做过品牌,也做过营销,文案能力不错，相关能力都还在；运营过大V账号，知道怎么在平台起号、引流；还有一群朋友可以请教。
- 人生优势：有一套健康饮食减肥方法，因为我过去是个胖女孩，靠自己的方法一直保持不反弹；经历过几次很严重的抑郁，通过写作让自己走出来；作为运营人，一直用运营的方式，运营自己，让人生平衡。

写完这一切，她觉得成就满满。

她可以帮人做心理咨询，可以教人写作，可以教人做营销，也可以教别人怎么运营自己，还可以帮人健康减肥，帮人用文字治愈自己。

但是问题来了，这些东西好像什么都行，又什么都不行？她想到胖子的公式：超级个体 = 独特优势 × 小众需求。她需要用需求再筛选一遍，但是，上哪里找到自己的小众需求啊？

天蓝又被卡住了。

天蓝是个行动派，一被卡住，她就要动起来，干点啥都行，似乎动起来就能让她思考。现在，她抓起帽子，骑自行车去海边转圈。

刚骑出不久，就发现一辆白色的摩托车，停在洱海边的草地上，旁边有一个穿着红色T恤的胖子，盘腿坐在草地上喝咖啡。不是别人，正是胖子！

"嗨！"她突然从后面拍了一下胖子。胖子吓了一跳，手一抖，咖啡洒了一身，忙跳起来拍打，肚皮波澜起伏，看得天蓝又愧疚又想笑。

"吓死我了！怎么又是你！"

"可不就是我吗？你怎么了，在这里晒太阳啊！"

"唉，"胖子露出可怜的小样子，"谁在这晒太阳啊，我刚才骑车去河边玩，车陷在泥里了，一个人拔不出来，我想那也无所谓，就顺势做杯咖啡吧。结果，你就来了。看，咖啡都洒了。我发现了，你是我的克星。从北京到大理，唉，最佳损友。"

五分钟后，天蓝帮胖子把车从泥里拖了出来。看着身上、鞋帮的泥巴，两个人坐在草地上大笑："这下算是扯平啦！"

"胖子，我还真的有问题要问你。"天蓝说，"我找到了自己的优势，但是不知道做什么方向。我也不知道，怎么找到小众的需求。"天蓝把这些方向都说了一遍，然后问胖子："我到底该做点啥呢？"

"那你觉得，你能满足我的什么需求呢？"胖子问。

"你需求有很多啊，我能教你减肥，能帮你的咖啡馆做营销，那个招牌，早该换一换了，还有……"

"不不不，你完全错了。当我们找别人的需求的时候，我们常常还是按照自己的优势套别人的需求。这就像一个段子说的：

- 小明你今天怎么来晚了？
- 因为今天是学雷锋日，我扶了一个老太太过马路。
- 那为什么会晚这么久？

—因为她不肯过啊,我拉了好久。

"你刚才的情况,就是扶我过马路。其实我最需要的,是解决车陷在泥里的问题。如果你帮我解决了这个问题,我就愿意付钱。**需求的最小单元,就是问题。找到别人的问题,就是找到了别人的需求。**"

天蓝歪着脑袋想:"我知道了!如果你觉得自己不胖,或者咖啡馆不需要扩张,这就不是你的需求。而我之所以觉得你需要,是因为我用专业的眼光评价你,是不是?"

"是的,这就是大部分专业人士做定位的问题。他们会觉得你已经很有问题了!但是其实,他们很少去真正关心别人的问题。比如,一个做孩子读书营的老师,她一直做得不错,但学完发展心理学,反而困惑了——家庭才是孩子最大的学校,家长不改变,孩子没法改变。所以她重新定位了产品,要做家庭学校。"

"这很对啊,家庭的改变才是孩子改变的源头。"天蓝也学过心理学,知道这个道理。

"但是她的产品从此无人购买。因为很多家长面临的最大问题,其实是时间。他们已经在生活里劳累不堪了,送孩子去学校,是为了让自己能歇一会儿,顺便让孩子学点东西。现在却要他们上一个班去学习家庭教育,那孩子更没人管了。"

"唉,这个困境真的无解。"天蓝叹气,"真的只能昧着良心,不断'鸡'孩子,却对家长的问题视而不见吗?"

"当然不是，还有很多选择。比如，是不是可以依然提供孩子的培训，但是赠送一个线上的家长课堂，先解决家长的时间焦虑问题？另外，也有一部分高认知的家长是有这个意识的，是不是可以为他们专门开家庭教育指导班？这都是好的定位。每个选择要成立，都要尊重对方的问题，而不是你的专业。不是'你应该'，而是'我可以'。"

定位不仅是找优势，还要找悦人和悦己的平衡，现在我才开始慢慢有体会了。天蓝想。

"**站在别人的角度，设身处地理解别人的问题，慢慢引导进专业，才是真的助人。**这才是专家的商业之路。"

此刻，他们肩并肩坐在草地上。天蓝一边听，一边看向远方，在脑海里盘点她的这些产品方向，刚隐隐约约有了些眉目，马上就想到一个障碍。

"胖子，我还有一个问题。我刚才想到几个方向，都是个人成长类的，和商业无关。这些问题我都经历过，也深深知道这里面的痛苦，是我真心想做的。但，我觉得自己不是这方面的专家，不太敢做这方面的产品。你看啊，专业的我不想做，想做的我不专业。唉，我是不是只能做回营销了。"

胖子哈哈大笑起来，说："不要对立起来。每个人都有机会成为专家，专家也都是从普通人开始成长起来的，只不过，他们更懂得搭建自己的专家之路。让我来告诉你，成为专家的三个秘密。"

胖子在餐巾纸上画了五级阶梯，由低到高，分别写上：求助者—探索家—建筑师—助人者—专家。

"第一个秘密，就是专家的五个阶段。

"其实，所有专家，都曾经是病人，他们被一个问题困住啦。自己搞不定，感觉到很多苦难，这就是'求助者'。然后，他们开始四处学习，探索这个问题的答案。他们可能拜访名师，可能钻研书籍，可能自己各种尝试，慢慢地，他们把别人怎么做的搞清楚了，这就是'探索家'。"胖子在探索家这里，画了一个圈。

"当然，这些收集回来的东西有没有用，只能用在自己身上慢慢试。逐渐地，你搭建了一套能解决自己问题的体系。这就是'建筑师'的出现。

"这个时候,你看到了别人的苦难,那些人在经历和你一样的困境,遇到类似的问题。你开始好奇,这套东西用在别人身上,也有用吗?从此刻开始,你开始成为了一个'助人者'。在这个过程里,有些过去的体系被证明不适合别人,而有一些特别有用,为了帮助他们,你还会学更多的东西,主动改进它来适应别人的需求。最后,这套体系越来越通用,越来越好用,你成为了一个领域的'专家'。"

胖子说着,站起来找到一块扁平的石头,向水面甩了出去。石头旋转着,在深蓝色的湖面上,跳跳跳跳跳,跳了五步,旋出一个漂亮的水漂。小男孩都热爱打水漂。

胖子得意洋洋地转过身问天蓝，"看看这个阶梯，在那些你想做的议题里，你自己在哪个阶段呢？"

"我基本在探索家和建筑师之间——我一直想把这些东西整体梳理一遍，你倒是提醒我了，再做些梳理和总结，就是建筑师了。"天蓝说，"然后呢，我就可以开始用来帮助身边的人了，一开始公益地做，等做出口碑和效果，付费就会很容易。"

"对了，这是不是你总给我送咖啡的原因！"天蓝突然醒悟，"胖子啊，看不出来你老老实实的，鬼点子还挺多。不过，说真的，我很喜欢那些咖啡，还有谈话。"

胖子说："我的咖啡可不愁卖，请你喝，你少克我就行。不过你说得对，**只要真的帮到人，商业其实是最大的慈善**。"

"对了，"天蓝想起来，"那第二个秘密呢？"

"第二个秘密是，其实**你没有必要等做到'专家'才开始做自由职业，从'探索家'就可以开始了**。"

"但是我不专业，我又能做点什么呢？"

"你可以从'探索家'开始积累用户。你可以分享自己探索的知识，分享自己解决自己问题的过程，你也可以号召各种探索家一起相互交流。有那么多'我准备挑战×××'的账号，有那么多成长打卡群、早起跑步群，这些都是探索家在做的事。等你成为建筑师的时候，你的客群也都准备好了，大家看着你成长，反而更容易信任你。这就是'养成式专家'的玩法。"

"那你是说，我只要整理一下自己是如何走出困难的，持续地输出,陪伴大家探索,这就是个很好的业务?我现在就可以开始了?"天蓝有点不敢相信,这太容易了!

"快告诉我第三个秘密!"前面两个秘密都这么厉害了,天蓝很期待最后一个。

"这是个商业秘密,很贵的哦。"胖子偷偷地凑过头来,小声说,"这五个阶梯上的人分布不均,求助者和探索家是最多的,占 80%。一个市场上,专家能有几个啊,不超过二十个,竞争专家席位会累死人的。但是市场最需要的人是谁呢?其实是求助者和探索家,所以你一旦成为了建筑师,就可以开始营业啦。专家往往看不上求助者和探索家,觉得他们很初级,他们也早就忘记自己当年的样子了。所以,专家只能给建筑师讲课,但建筑师才有多少人啊。其实,初级才是最大的市场。你也要记得,即使有一天,你成为了专家,也要时刻发自内心地为初级的用户服务。"

这就是我很喜欢村上春树的原因,天蓝想。在耶路撒冷文学颁奖大会上,他说:"坚固的高墙和撞墙破碎的鸡蛋,我总是站在鸡蛋一边。"天蓝提醒自己,永远不要忘记站在鸡蛋一边,即使有一天能成为专家。

"对了,如果我有好几个选择呢?那个做亲子读书的老师,最后她选择了哪个呢?"天蓝突然想起来。

"她也遇到好几个定位的困惑,我对她说:'Do something you want. 做一个你自己需要、想要的产品,解决一个你真实遇到的问题会更加有力。**因为你就是你的第一个受众,你就是这个小众需求产品的第一个用户。你要相信,你的境遇不孤独,你有这种困惑,世界上一定有很多人也有这个困惑。你解决过这个难题,也一定有人需要解决这个难题。'

"她最后选择了做更小众的家庭教育,但也帮助学完家庭教育的家长们去搭建自己的亲子读书会,帮其他妈妈管孩子,也免费做家庭教育讲座。这样这些全职妈妈,也都能找到自己的事业和收入,解决了她们的问题。"

胖子笑眯眯地问:"你最打算帮谁,解决什么问题呢?这些里面,哪个是过去的你真的需要的东西?你会有你的选择。记得,**你没必要成为高手才上路,你可以现在就走上高手之路!**"

我没必要成为高手才上路,我可以现在就走上高手之路!

骑车回家的路上,天蓝迎着五色绚烂的晚霞,霞光落下的地方,是她点亮了灯的家。天蓝反复地想着这句话。在她心里,一条道路徐徐展开,原点是自己生命经历里的优势和天赋,另一头是要帮助的人的问题,而脚下的路,是她真正想为过去的自己做的事。

不上班咖啡馆

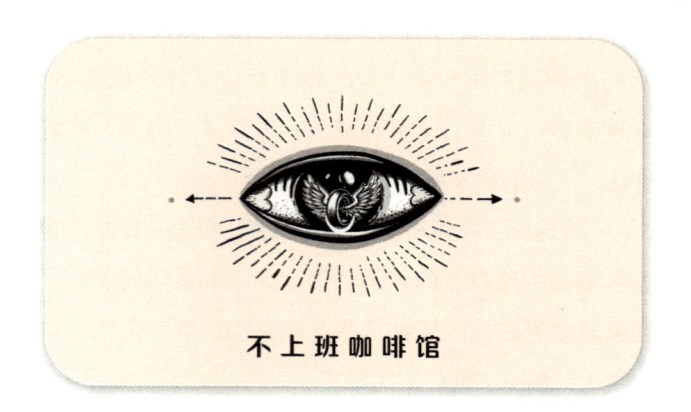

觉醒卡·专家的秘密

* 需求的最小单位是问题。
* 自己的专业不是需求,兴趣不是需求,别人的问题才是需求。
* 第一个秘密:专家的五个阶段:求助者—探索家—建筑师—助人者—专家。
* 第二个秘密:从探索家就开始发声,创造产品。
* 第三个秘密:建筑师、助人者的市场,往往比专家的更大。
* 要永远站在鸡蛋这边。
* 不要成为高手才上路,而是要走上高手之路。
* Do something you want.

GOGOGO

（1）梳理一下你生命里遇到的难题：工作、家庭、学业、人生……什么是你解决得很好的问题？

（2）在这些领域，求助者—探索家—建筑师—助人者—专家，你走到了哪个阶梯呢？

（3）你特别想为某个阶段的你做一款什么产品？

1. 完成上述任意一项任务，可免费获得"可以不上班"咖啡一杯。有效期 15 天。
2. 店主胖子有可能随时离开大理，见不到概不负责。

10

压力等于毒素

"胖子,我可能得了抑郁症。"

如果天蓝现在看到王鹏,肯定会吓一跳。王鹏瘦了一圈。他脸色发乌,眉毛紧皱着,镜片后的小眼睛也黯淡下去。此刻,他正左手端着咖啡,右手的指关节轻轻揉着太阳穴叹气——谁也想不到,这就是以前那个灵光一闪,镜片一亮就滔滔不绝的王鹏。

"你还好吗?最近一定很难吧?"胖子收拾完东西,手擦擦围兜,轻轻在王鹏对面坐了下来。

王鹏低着头,胖子的声音好像从很远的地方传来:"每个人都有黑暗时刻,谢谢你还记得咖啡馆,来找我这个朋友。"

王鹏的眼眶一下子湿了,奇怪,什么时候自己变得这么多愁善感了?

"发生什么了?"胖子问。

发生什么了？王鹏问自己。

过去这段时间，王鹏的发展一直很顺利。自从项目成功，公司给他提了职级涨了薪。团队越来越默契，连续攻克了好几个技术难关。年底，公司发了不菲的年终奖，老婆开心得不得了，给他做了一大桌菜。

王鹏开始对商业产生兴趣，他考上 MBA，每周末上课，这半年写完论文，也就快毕业了。研一时，王鹏结识了现在的合伙人，他邀请王鹏一起创业。深度调研业务以后，他带着自己最得力的两个手下，加入了新公司，成为联合创始人。今年开年，公司融到了 A 轮，业务更忙了。

孩子一天比一天可爱，也一天比一天精力旺盛。丈母娘也从老家到家里来帮忙。在外人看来，这个时候的王鹏，三十出头，精力旺盛，家庭甜蜜，事业成功，上进心强，拥有最完美的人生。

可就是在这个最紧要的关头，王鹏开始失眠，躺在床上，虽然累得要死，肩膀和腰像注入了柠檬汁一样酸，但就是整晚整晚睡不着。失眠让他更加疲惫，记忆力也变差，一件事要反复交代别人好几次，别人说一件什么事，他要用手机记录下来才安心。周末，他很想陪陪孩子，但实在懒得动弹，自己还有课要上、有论文要交……但他都不想动了。

他问自己，"这是我喜欢的事业，我喜欢的团队，我也真的很爱我的家人，但就是什么都提不起兴趣，我是怎么了？"他偷偷地查了抑郁症的量表，上面的情况大多符合，他觉得自己一定是抑郁了。

"关于抑郁症量表,可别自己给自己测,这需要有专人的解读。有机会,你可以去做一个专业的诊断。但现在,我肉眼就能看出来,你的压力太大了。"

王鹏长吁一口气,"那有啥办法呢?我不怕压力,男人流血不流泪,很多事扛扛就过去了。我过来就是坐坐,一会儿就走。"

"好啊,那你走之前,听我讲个故事。

"在匈牙利有个医生叫汉斯·赛尔,一次他给小白鼠做实验,注射一种药剂,结果小白鼠纷纷死亡。他很奇怪,因为这种药剂并不会毒死小白鼠。后来他发现,杀死小白鼠的,不是药剂本身,而是注射的过程。如果太紧张,小白鼠会感受到巨大压力,因此是死于免疫力下降带来的疾病。

"他第一次意识到,**除了毒药,压力也会伤人**,哦,是伤鼠。他继续这个研究,他让小白鼠在高压力状态下,持续地游泳,不间断地电击。几周后,他观察到,那些可怜的小家伙都患上类似的病,有一些是胃溃疡,有一些是心血管病。这些看不见的压力,竟然产生了致命的伤害。他提出一个观点:压力本身产生的伤害,和真正的疾病、毒素一样强大。"

胖子说着看了王鹏一眼。王鹏爱听故事,尤其此刻,听到和工作无关的故事简直是解脱。不过听到小白鼠的胃溃疡和心血管疾病,他自己背上禁不住一凉,好像医生的针扎到了自己。

"关于压力的研究从此展开,到今天越来越系统,从医学、心理治疗到脑科学。汉斯·赛尔被尊称为压力之父。到了现在，科学家有了很多共识。比如说，这个弹簧模型。"

胖子说着，在纸上画了一个弹簧，上面顶着一堆木块。

"每个人的身心就像这个弹簧。适度的压力，会让这个弹簧更加稳定，更有弹性，表现最好。但是一旦当压力过度，弹簧就会永远无法恢复，就像实验里的小白鼠一样，头痛、失眠、肩膀酸痛，也像此刻的你一样。"说着，胖子看了一眼王鹏揉脑袋的手，王鹏苦笑着放下，"反映在心理上，就是记忆力变差、情绪波动、容易有攻击性。"

这就是我啊。王鹏想。

胖子继续做了一个用力下压的手势，"而且，如果这种状况继续下去，压力一直不消失，那么弹簧就会永久变形。反映在身体上，就是免疫功能下降，身体会各种发炎、容易过敏，心血管疾病和脑梗的几率都会大大增加。"

王鹏心里暗暗吃惊，他最近总是牙龈出血、胃疼。过往他很少得病，最近半年，累了一段时间以后，只要一休息，常常会发烧。他的老婆笑他是天选打工人，只有在工作的时候才没病。他只当是年龄大了，现在想起来，也许和压力导致的免疫力降低相关。

"那该怎么办呢？我现在的事，每个都在关键时期，一个都不能放啊。工作、家庭、学业，熬一熬可能明年就好了吧。"

"熬一熬就过去了，这种想法恰恰是持久压力的源头。"胖子摇头，"你想，熬过了这一段，你的责任是更大还是更小？事更多还是更少？创业要求你永续增长，你的压力会更大还是更小？但有一点是确认的，你的弹簧是越来越糟糕了。你至少还要工作三十年，按照这个模式，你的弹簧一定会中途崩掉。"这话听得王鹏心里一惊。

"兄弟，我不是咒你啊。职场精英大病一场，过劳死，突然心理崩溃的事，每天都发生，他们哪个不是牛人，哪个不是觉得熬一熬能过去，最后崩掉的？你得面对这件事，得停下来想想。何况，你这个状态，如果不主动调整，现在都不一定熬得过去。"

王鹏点点头，算是接受了这件事。很多事不是一咬牙能解决的，那该怎么办呢？

11

管理压力的四个步骤

"怎么让弹簧恢复活力呢？道理很简单。**第一步是识别压力，知道什么压着它。第二步是调整应对模式，就是看怎么让负重能更加平均。第三步是增加弹簧的力量。最后一步，是挖掘动力，找到压力背后的意义。**回到压力管理上来，我们先说说识别压力，看看压力源到底是什么。"胖子指一指弹簧上的木块。

"现在你感受一下，你的压力，主要是来自哪些方面的呢？**常见的压力来源有：身体、工作或学业、家庭、财务和人际关系。**工作、学习和家庭当然都有人际关系的事，但把人际关系单独拿出来，是因为人际关系的模式是相通的。如果10分是崩溃，你大概会给自己的每个压力打几分呢？"

王鹏大概打了个分：工作压力6分，因为事情的确很多。学业压力5分，因为就要答辩了。家庭压力4分，孩子很想爸爸，但他没法回去，让他有点内疚。财务压力5分，他的经济压力一直存在。而人际关系竟然有9分，这让他很吃惊。往下细想，他最大的压力源，不是具体的事情，而是两段人际关系。

一是王鹏要求自己必须快速成功，因为他需要对跟着自己的兄弟们负责，当初他们可是放弃了大厂的薪资，跟着他来到这里的。为了吸引他们，王鹏讲了不少美丽愿景。但创业就是九死一生，做好了还好，一旦做不好团队就必须开人，甚至解散。他可以找个地方打工，但是兄弟们的际遇，就会差很多。他不能对不起这些人。

二是王鹏和丈母娘的关系。王鹏想了半天，把它放入人际压力而不是家庭压力里。虽然丈母娘帮了很多忙，但老人的生活习惯跟他们差很远。早上一旦有声音丈母娘就睡不着觉，王鹏早起上班，洗脸刷牙，都提心吊胆。厨房油烟大，抽油烟机也有点吵，丈母娘要求进出厨房都关门。一次王鹏双手端菜出来，只好用脚关门，"砰"的一声，丈母娘勃然大怒，说王鹏是摔门给她看。这样冲突了几次，王鹏都默默忍让下来。这让他回家的时间越来越晚，陪娃的时间也越来越少了。

当然，毕业论文和工作的压力也很大，但这两段人际关系似乎更困扰王鹏。

"你是个好人啊，王鹏。"胖子看着这个答案，摇摇头，"好人不是夸你。好人容易有很多人际压力。在一个系统里，最高的弹簧最先被压垮。这就跟两个人抬煤气罐上楼，劲大的人最累，何况他还是个好人，不敢放下。"

"这就叫好人不长命，王八活千年。"胖子感叹，"所以，你作为一个好人，更得懂如何应对压力。来，接下来我们聊聊第二步，**压力应对**——你的压力这么多，你是怎么应对的呢？"

"压力来了，不就是顶着就好吗？"王鹏边说边揉太阳穴。

"只有千斤顶这个模式？但你是根弹簧啊，大哥。"气氛稍微缓和些，胖子又开始"烂梗王"附体，"人有很多压力应对的模式，最原始的模式，就是'战'或'逃'。'战'包括你说的，靠顶住战胜困难。但有时候你战胜不了困难，就会开始战胜别人——比如说领导你不敢怼，回头就骂下属；下属不敢反驳你，回家和媳妇吵架；媳妇冲孩子撒气；孩子不敢和大人吵架，就踢猫；猫不开心，就挠你几下……高压力状态的人，容易有攻击性。"

王鹏想到，难怪自己那天无缘无故把下属骂了一顿，不是自己莫名其妙，而是有压力源。

"另一种模式，是'逃'，就是放弃不干。动物受到惊吓，会倒地装死，这是一种应对模式。人类其实也会装死——比如不断拖延，其实是潜意识的逃。最近流行的躺平，是深度的逃。现在连小学生都开始盘珠子了，他们压力也不小。"

其实，我一直都在应对压力，只不过在用糟糕又被动的方式，王鹏想。

"不过，我们毕竟是人啊，在战和逃之间，我们还有更多的应对方式。**这就要说到第三步，增加弹簧的力量**。基本分成三大类。

"首先是释放压力，运动、冥想、健身、走入大自然，都会很有效地释放压力。像你这种压力大的人，即使为了保持效率，运动也应该作为一个日程，逼自己每天做，短期会帮你释放很多压力。慢慢形成运动习惯，你的压力弹簧就会粗很多，有更好的压力适应性。

"第二是减少压力源。如果你的人际压力大，'逃'也许不一定是坏事，因为逃会让你回弹。如果工作、学业压力大，你可以把对自己的要求降低一点，不必要的事推后一点。如果财务压力大，平时可以省着花。至于你丈母娘……"

"也许我可以在周六周日的时候，单独带老婆孩子出去玩，甚至可以在外面住一天。一周只要有一天单独的时间，我就能回弹。"

"这是个不错的想法，就是这个意思。"胖子说。

"最后，最重要的降低压力的方式，是**第三种方法：认知调整，也叫作'拔出第二支箭'**。"

"第二支箭？这是什么？"

"这是个佛学故事。一个人被一支箭射中，这本来很痛。但他开始想：谁射的？为什么射我？凭什么射我？万一我死了怎么办？万一我死不了怎么办？我死了孩子该怎么办？……这样的想法绵绵不绝，停止不了，这就是第二支箭。

"第一支箭，代表真实的压力，就是生活里不可避免的不如意。但第二支箭，代表你自己脑子里的灾难化想象。第一支箭是物理攻击，第二支箭就是魔法攻击。大部分人都死于第二支箭。你有向自己射过吗？"

王鹏想起来一件事。他刚到新公司的时候，第一次上台对全体员工演讲，因为要给大家留个好印象，所以写了逐字稿。但他还是有点紧张，一上台就讲漏了一句。就是这一句的差异让王鹏开始崩溃，他脑子里不断地说："完了，说漏了该怎么办？大家会不会笑我？如果大家看不起我，以后怎么合作？如果合作不了，公司就留不住了，我以后该怎么办？"等他稀里糊涂读完讲稿，他发现自己已经想到："如果自己混不好，女儿长大受同学欺负，该怎么办？"像麦克风靠近音响带来的啸音一样，这些声音越放越大，直到淹没自己。

其实，等真的融入了团队，他发现自己的担心纯粹多余。不是所有人都在意一个新人的自我介绍，那天很多人都在想自己的事、玩儿手机。少有听的几个人，也没留意他少了一句，因为只有他有自己的逐字稿啊！

这样的事当然不止一件！对于喜欢规划的王鹏，这样的事简直每天都在发生。

胖子听完，带着诡异的微笑说："就是这样，大部分人都不是死于第一支箭，而是死于第二支箭。不，他们简直死于万箭穿心。"

王鹏问："为什么会这样啊？我确实有这个毛病，而且我对自己很不满意。比如，有一次……"

"停！"

胖子突然做了一个 stop 的手势，打断王鹏的话。"你刚才说什么来着？上一句。"

"我对自己很不满意啊。"

"答案就在这句话里。"

12

拔出第二支箭

胖子一字一句地说:"答案就在'我对自己很不满意'。"

"你想过没有,这句话里,有两个自己。一个是'自己',一个是对于自己很不满意的'我'。哪一个是更真实的自己呢?"

王鹏一下子蒙了。他想了几秒钟,"是那个'表示不满意的我',更像自己。但,那个让自己不满意的自己,又是谁呢?"

"有趣吧,这里有机锋。"胖子说,"**心理学认为,我们脑子里,有一个'思维的我',还有一个'元认知的我',后面这个我,一直在观察着自己思维,起心动念。**不同的宗教、哲学体系都提到过这个现象——人类有一种可以自己观察、校准自己思维的能力。佛陀管这个叫作'般若''开悟',王阳明把它叫作'良知',《非暴力沟通》的作者甚至认为,人类最高的智慧,就是'不带偏见的观察'。我们不说那么玄,就是元认知——对认知的认知。

"从元认知的角度看思维的我,它有很多特性。因为它负责规划、思考，所以它必须显得全知全能。很多人说记得自己小时候的事，但真的去求证，发现只是妈妈讲的故事编造出来的。其实，我们的很多记忆只是思维的我编的故事——我们不记得，但是思维的我，要表现得全知全能，于是编一个给你看。"

王鹏想起来自己高中做证明题，比如"如何证明A角是直角"，他完全不知道，只好按照结论往回推，胡乱写几步，偶尔还能糊弄一点分数。这估计就是思维的我每天干的事吧——没道理也要给你编个道理。

"对对对，这也是弗洛伊德的发现。他先把一个人催眠，让他在无意识状态下拿着一把雨伞走入房间，然后唤醒他，问'你为什么拿着雨伞？'你猜他会说什么？"

"这个实验我读过，那个人会自我解释——我害怕下雨，我拿着做手杖……就是不肯承认他不知道。难道，思维的我也这么不靠谱吗？"王鹏一直对自己的理性引以为豪。

"不能说不靠谱。思维的我是很厉害的。就是靠这种特性，人类会发展出计划、理性、逻辑，把人送上太空……当然，也有战争、剥削、控制。总之，思维很厉害，但它有很大的局限性，比如第二支箭。"

"就压力这件事上，思维的我是怎么运作的呢？在压力下，它没法好好预测未来，只能在大脑里搜索过去关于同类型事情的记忆。然后随便剪辑一个东西，告诉你，这就是未来。比如说你刚才说的演讲恐怖故事，其实你仔细想，是不是你过去很多情景的拼接而已？"

王鹏仔细想了想，的确，那些想法好像是小时候上台演讲被笑的经历，加点刚上班新人的入职窘迫，再加点破电视剧的家破人亡桥段，而真相是——其实没人那么在意，更加没人知道漏了一句。

"所以，真正的问题既不是苦难，也不是对苦难的感受，而是你如何应对这种感受。**压力下的思维的我，是个恐怖片导演。他会不断剪辑恐怖片给你看，让你压力倍增，自己把自己压垮。**"

"怎么破呢？"

"醒来。"

"醒来？"

"对，打开灯，跳出梦。

"当你在梦里的时候，捏一下自己不疼，就知道这是在梦里，因为感知绕过了思维，没法作假。当你陷入思维给你放的恐怖片，你可以数一下自己的呼吸、心跳，可以感知一下自己的右脚第二个脚趾的位置……这都是醒来的方式。你当下的感受，就是开灯的开关。

"总之，当你元认知的我，意识到自己在恐怖片里面，这些不过是思维的幻想，你就会停止过度思虑，重新回到当下。第一支箭还是在——你就是忘词儿了，但是第二支箭没了——忘就忘了，没啥大事。"

"这是不是就是《心经》里讲的，'远离颠倒梦想，究竟涅槃'？"

"对对对，就是这样。你讲的比我高级多了。"胖子说。

"不不不，掉书袋是我的毛病。《心经》我看了很多年了，都记得，可直到今天才知道是什么意思。"王鹏长长呼出一口气，感叹道，"我太走脑，读到就以为懂了，懂了就以为做到了。其实自己啥都不懂，每天还在被折磨。这一点，我也对自己很不满意。不过，今天你帮我看见了，我就能驾驭我，改善我。"

王鹏心情好了许多。他决定明天开始，空出时间来做一些锻炼，周末空出自己的家庭时间，上班的时候不再苛求自己做到完美。不完美也要认怂，不要对自己射箭！生活已经够苦了，何苦再插自己一刀呢？

胖子似乎看穿了他的心思，又给他提了个小挑战："所以，如果小伙伴的期待给你带来这么大的压力，你愿不愿意面对真相，和他们谈谈：发现一下什么是第一支箭，什么是你想出来的第二支箭？什么是真相，什么是幻觉？真实地聊完，也许你会发现，即使你搞砸了，人家的生活也不会崩塌，不需要你这么过度负责。再说，人家可能自己老早就想好了退路，反而觉得是在帮你才留下的呢！你得相信，每个人都能为自己负责，每个人都有过好自己生活的能力。你愿意试试看吗？"

王鹏沉默了半分钟，坚定地点了点头。

"你刚才说的时候，我的思维又给我放了很多恐怖片：他们会不会发现我也没把握，不再信任我了？会不会就此打算离开项目，公司就黄了？不过我又告诉我自己，这些都是想象，公司不会因为几个人离开就黄，信任也不会因为沟通不顺就破裂，否则这就是假的信任——总之，痛苦的真相都比虚幻的恐惧好，何况事情往往没那么恐怖。"

"是的，我们太依赖思维，就容易被思维绑架，你现在已经可以驾驭负面思维啦。不过，这也就是对第二支箭的处理方法。接下来，我教给你第四步：一个终极秘技——如何拔出第一支箭。"

"第一支箭，也可以拔吗？"

"当然。"

13

你是粪坑里的 007 吗?

"在讲方法之前,先讲个故事吧,但请你一定要认真听,因为这个故事随时会停下来问你的选择。故事的名字叫,'粪坑里的 007'。"

胖子说着,打开手机放出一支曲子。这故事还有背景声!王鹏听出来,曲子节奏紧凑,是《碟中谍》的配乐,下面的快节奏故事,就在音乐里展开了。

"假设你是 007,在平安夜十一点三十五分,你穿上最好的礼服,端起一杯摇匀的马提尼,坐在上好的皮质沙发上,房间里放着《圣母颂》,壁炉中的火焰噼啪轻响,你在和一位金发美女喝酒,等待十二点的倒数。这个时候你电话响了,你拿起来接。因为信号不好,走到了门口。刚走出门口,一辆车向你飞快地开过来,车窗里伸出三挺机关枪向你扫射,你想退回安全屋,发现门已经打不开了。一摸手枪,没带。这个时候,你跑还是不跑?"

"跑,往前跑。"王鹏说。

"于是你快速往前跑,左拐右拐,车也追了上来。你跑着跑着进入一条小巷子,巷子看起来是个死胡同,眼看车就要追上来。这时你发现巷子尾部有一扇门,你进不进去?"

"进。"

"然后你冲了进去,发现是一个屋子,没有其他任何出口。这时你突然发现,这个屋子地面上有一个活动的木板,掀开发现下面是一个洞,借着灯光往里一看,竟然是齐腰深的粪水,恶臭几乎把你顶一个跟头。耳边隐隐约约听到了追来的人声,跳还是不跳?"

"呃……跳。"王鹏咬咬牙。

"007跳进去,把盖子轻轻从下面盖好,屏住呼吸听上面的脚步声。在一阵混乱以后,你听到追来的人离开。你松了一口气。

"你抬手看看手表,现在正好是十二点了。于是,你,英俊潇洒的007,刚刚坐在温暖的房间里端着酒与美人做伴的007,现在站在了齐腰深的大粪中,周围是苍蝇和臭味,全身湿透,冷得要死。但是你捡回了一条命……"

胖子突然停下来,按停音乐,问王鹏:"这时候,如果你是007,你会怎么说呢?你会说,'我靠,真无奈',还是,'哈,真幸运'?"

王鹏沉默一会儿，说："我会说，我真幸运。如果不是有个粪坑，我早就死了。"

"那他会后悔吗？后悔自己不应该打开门接电话。"

"也不会，因为当时他并不知道未来。人不应该对不知道的东西后悔。"

"那你说，007是自己'选择'跳进粪坑的，还是'不得不'跳进去的？"

"是不得不的选择，因为没有别的更好的选择了……"

王鹏下意识回答，但他马上觉得有点不对劲，感觉被胖子引导了，王鹏不喜欢这种感觉。

他皱着眉头问："胖子，你是想说，我们因为环境所迫、认知所限，做出很多不得不的选择，人生很无奈，但一切都是最好的选择，是吗？这个道理都烂大街了，但是和抗压有什么关系呢？"

"道理烂大街，不代表你真的理解。你没有发自内心地接受这个选择的'好'。你想过为什么粪坑里的007会笑吗？他不觉得自己无奈，因为他知道，敌人他没的选，巷子他没的选，粪坑他没的选，但他可以选择跑不跑、跳不跳。而他每一次都选择了自己最正确、最重要的东西——勇气和生命。"

"甚至他也不会责怪自己——以前背过特工手册里不要出门接电话的规定，但这次却忘记了——因为忘了就是忘了，下次记得就好。他没有第二支箭。"王鹏有点领悟了。

"是的，007知道，'如果当时……'是人生最大的谎言。如果没开门，我就能在房间里吃火鸡。但那只是幻象，根本不存在这样的世界。如果一个特工总是这样，他也就没法做特工，没法做漂亮的即时反应了。这些想法，007都没有。所以当十二点钟声响起时，007非常开心，开心自己活了下来。他甚至非常感恩小巷，感恩粪坑，他在粪坑里大笑，因为他守护住了自己最重要的东西。"

胖子讲到这里，把手放在胸口前，一字一句道："这就是心的力量。"

"现在，王鹏，你，这个自己人生的特工。你陷在一个粪坑里，创业、学业、家庭、财务、人际……这些都压力山大。你是怎么看待你人生这个粪坑呢？你敢不敢，也玩一个007游戏？接下来，我问你答。你不需要解释为什么，只要快速回答我的问题就好。"

王鹏点点头，胖子按下音乐，王鹏的007游戏开始了。

"你说创业不得不每天应付很多事，不得不和同事沟通，那如果你不这样做，会怎么样呢？"

"公司的项目也许会黄。"

"如果公司不得不黄了，会怎样？"

"我没法和合伙人、股东交代，我也没法和兄弟们交代。未来的收入也会锐减。"

"如果这一切也发生了，那又会怎么样？"

"我可能会在三十五岁时被年轻人淘汰。当然,我会去找工作,但是只能跳到更小的公司里去。因为管理经验不足,也没人找我去带个团队创业。运气好,我就能一直待在小公司;运气不好,可能就会失业了。总之,路会越走越窄。"

"那如果你真的把路越走越窄,那又会怎样?"

"如果实在混不下去,我只能回老家了,找个闲职,偶尔接个活儿。但这样我媳妇会跟着我走。也许我的孩子,还需要重走一遍自己的路。"

"如果你真的回老家,靠着闲职过日子,那又会怎样?"

"我会变成一个一眼能看到人生尽头的人,"王鹏摇头,"那就是我离开老家的原因。当年我离开那里,就是希望自己能看到更多,看看自己能走到哪里,能够发挥多大的价值。"

最后,胖子的语气像魔法师一样轻柔,"如果你变成一个一眼看到人生尽头的人,那会怎么样?"

"那我会觉得人生毫无意义。"

王鹏讲出这几个字,自己把自己吓一跳。

"所以,你一直要躲避的,是一眼到头的人生。而你在每个选择里保护的,是人生的可能性——看看自己能走到哪里,看看自己到底能发挥什么价值。是吗?"

听到这句话,王鹏的心里一动,他心跳开始加速,脸也红了起来,血液在他身体里有力量地涌动。他突然理解了许多,自己为什么一直好奇各种事情,为什么一定要离开老家,为什么鬼使神差走进咖啡馆,为什么受到创业邀请会无法抗拒……

这些人生拐点连到一起，一些很深很深的力量感，突然从小腹涌现出来，这力量抚平他难受的胃部，温暖地漫过胸口，升到头顶。

他听到自己很确信的声音："是的，我一直在追寻人生的可能。"

而他也听到胖子的声音："这，就是你的初心，你在体验的，就是心的力量。"

以前听企业家讲找到初心，王鹏觉得特别虚无。今天这个初心，竟然如此真切地在他胸膛跳动。

胖子的话继续传来，"**每个苦苦坚持的不得不，都藏着巨大的初心。**从理性来看，这件事这么难、这么苦，为什么你还要去做？因为背后有更强大的心的力量。我们看生活，总看到它不得不的部分，却常常看不到，在这么多的限制之下，我们闪闪发光的这颗初心；也看不到，这个看似糟糕的现状，其实是你一次次地，在你的初心之下做的最佳选择。你觉得看到'可能性'是你最重要的事。这不就是支持你走出那个小镇，走到今天这个位置的力量吗？那今天，你是否还有这个勇气，继续让自己走下去？"

王鹏热泪盈眶。生命的画面一页页闪回，他看到自己去县城上住宿中学时孤独辗转的晚上，看到自己高考前几个月里的挑灯夜战，看到考上大学时爸妈端起酒杯向亲戚敬酒的自豪，看到自己刚刚毕业，挤在地下室奋力学习编程的背影，他也看到自己一行行地写代码,一个个地做项目,一次次地晚上和同事们消夜聊天。

过去,他印象里只有那些难关,他告诉自己,已经吃过很多苦,现在千万不能倒下。但此刻,他第一次看到,这些难关背后,这些故事背后,竟然还有一个自己。那个幼稚又坚定的自己,那个一次次挫败又一次次把自己捞回来的自己,那个走在暗夜里,但一直向光而行的自己。此刻,他无比感谢这个自己,想抱抱自己,即使在粪坑里,他也想跪下感谢世界。

这一幕幕浮现上来,他知道,自己正走在应该走的路上,这条路能通向哪里,甚至自己能不能抵达目标,似乎都变得不重要了。

胖子说得对,当一个人知道了为何,他就能承受一切如何。

我们不害怕苦难,我们害怕苦得没有意义。我们不怕难,怕难得没有价值。这是我们压力弹簧最核心的力量。

许久,王鹏定下心神,对胖子说:

"刚才听你说,我想起来很多。我的家庭环境并不好,我的爸妈本来可以选择更多忙自己的生计,他们却选择了花很多时间给我很多爱;他们本来可以选择过得好一些,却选择了节衣缩食供我上大学;我的太太,她当时有很多好的追求者,但是她却选择了和我结婚。这一路上,我自己也做了很多很多的选择。我选择离开家乡,选择从头学编程,选择从螺丝钉一步步走到管理者,选择独自出来创业……在那天晚上遇到你,虽然你给我说了很多，对我很有帮助，但最后走出这一步，也是我自己的选择。所以，我既然选择了走更难的路，就要同时接纳它不好的部分。"

胖子以一种非常欣赏的眼神，看着"粪坑"里的王鹏，他调皮地摆摆手：

"不过，这个游戏，其实不是'007游戏'，而叫作'初心游戏'。当粪坑里的007找到初心，他会仰望星空，好好设计自己出去以后的未来。而当人们找到初心，我也会再问一句：如果你就是一个好奇自己能走多远，希望把自己的价值发挥到最大的人，面对今天的困境，你会如何创造更好的选择呢？"

一段漫长而美好的沉默。

过去，王鹏低头想到工作和管理，脑子里总蹦出工作里的糟心画面，心力交瘁，让人不想多看。但此刻，王鹏充满力量，抬头想去，脑子里的画面似乎全部明亮起来，新鲜的想法像火花一样劈啪作响。

"我接受这个选择不是完美选择，但却是我当下的最好选择。我会选择认真处理好一切。

"当我要与人冲突时，我会停止抱怨，先不去分对错高低，而是去思考如何更好地合作，因为这也是人生的更好可能。当我疲劳时，我会告诉自己，我不是要学会放弃，而是要学会休息，我可以歇会再做。而我必须掌握这个能力，必须通过这一关，因为这一关会为我创造更多的可能。我还想看更大的世界。

我相信，当我看到更多的可能，我会做出更好的选择。"

胖子不说话，让这位007，和自己生命的画面再待一会儿。

过了一会儿，王鹏问："这个初心游戏好有力量，我也想给我的团队做一做。但我又害怕，有没有人会在做初心游戏之后，发现自己其实做错了选择呢？"

"当然有，也有一些坚持多年的不得不，但挖到最后，却发现自己没有初心，只有执念。但这也是彼此放生啊，你无法带一个自己不想走的人走太远。我就认识一个人，玩了初心游戏，发现自己当年入行，只是为了赚点钱，让自己有更多的体验，更加自由。但他发现，自由这事很简单啊，不需要那么多钱。他放弃了百万年薪，骑车环游世界，和那些丢掉初心的人玩游戏。"

"这人是你吗?"王鹏问。

胖子笑而不答,只是递过来一张打折卡。

"你不是希望给朋友做初心游戏吗?这是个攻略。欢迎下次再来!"

走的时候,王鹏一蹦一跳,像根好了的弹簧。

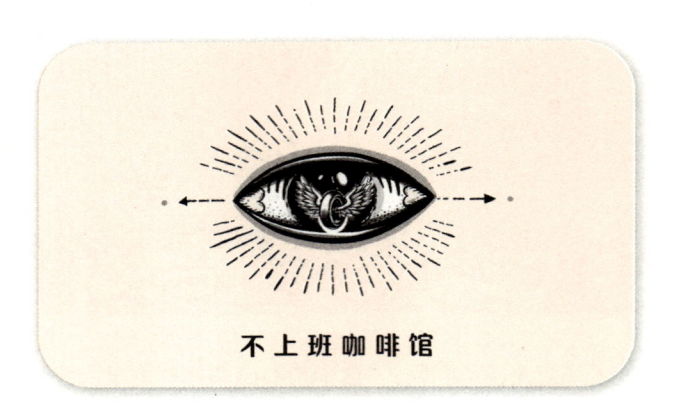

不上班咖啡馆

觉醒卡·心力提升

* 压力如毒药,会造成生理疾病和心理伤害。
* 识别压力源—调整应对方式—增加力量—找到动力,是压力管理的四个步骤。
* 应对压力的好方式还有:增加韧性(运动、冥想、大自然),减少压力源,调整心智模式。

* 其实大部分人不是被第一支箭射死,而是被第二支箭射到万箭穿心。
* "如果……就好了"是人生最大的谎言。
* 所有的"不得不坚持"的背后,都蕴藏着巨大的初心。
* 找到初心:我们不害怕苦难,我们害怕苦得没有意义。我们不怕难,怕难得没有价值。

GOGOGO

(1)你有压力很大的症状吗?盘点一下自己有哪些压力源?

(2)你最常用的压力应对模式有哪些?

(3)你愿不愿意,试试看给自己做个初心游戏?

1. 完成上述任意一项任务,可免费获得"可以不上班"咖啡一杯。有效期 15 天。
2. 店主胖子拥有一切解释权。

初心游戏练习卡

1. 找到最近你最难受，但是又不得不持续做的事。可以是工作、生活、人际关系里的任何事。
2. 不用描述，只是不断地提问：如果你不做这件事（A），更糟糕的/不愿意发生的事（B），是什么呢？
3. 记录下这个问题的答案，继续问，如果不做B，更糟糕的C是什么呢？以此类推。

有什么不得不的？
如果不做A，更糟糕的B是什么呢？
如果不做B，更糟糕的C是什么呢？
……
从"不得不事件"一直推断到A—B—C……直到发现最宝贵的东西。

4. 对事件的描述慢慢会变成某种"生命状态"或"身份"，比如"我觉得人生的本质就是不断地体验、思考和分享，成为一个智慧的人"。不断继续追问"为什么"，直到答案是"不为什么，就是这样"，那就是一个人的初心。
5. 小tip：当一个人找到，并讲出初心的时候，整个人是兴奋而有力量的。
6. 不管自己或对方说出什么，都不要评价，心里默默地评价也不要有。

14

一条叫自由的鱼

中午十一点,私奔群开始冒泡。

"博士,我回来啦!约不?"

"你不是在大理吗?"

"对啊,我回来了,哈哈,收获满满。"

"我现在的公司有点远,到那边要晚上九点半,我们不见不散。"

"得嘞。"

晚上九点半,王鹏和天蓝来到不上班咖啡馆。今天的咖啡馆有点奇怪,灯倒是都开着,音响放着张雨生的《一天到晚游泳的鱼》,但是柜台后没有人,天蓝摸摸咖啡机,还是热的。这时她看到柜台上放着胖子的字条:

老板出门兜风,客人随便发疯。

字条翻过来，还有一条小鱼，下面有一行字：

如果给这条鱼起一个名字，你会叫它什么鱼？

天蓝拿给王鹏看，王鹏也不知道是什么意思。

这个古灵精怪的胖子！

天蓝在大理学会了做咖啡的手艺，正好露一手。她捣鼓了一阵，端上来两杯咖啡。

王鹏端过来喝了一口："味道不错！仙儿，你怎么回来了？"
"我决定回来了。我找到了自己自由职业想干的事！我想用文字疗愈的方式，帮助人们缓解压力，找到自己。而且，我不是一直在做运营嘛，高阶课程里，我会教大家如何用运营的方式，经营好自己的人生。

"刚开始，我也是战战兢兢的，不敢收钱，所以第一期是免费的，结果效果非常好！我觉得自己是个'建筑师'啦。我定了一个合适的价格，现在收入能养活自己。我也在不断地改进我的训练营。后来流程越跑越顺，我开始做自己的账号、扩大招生，就忙了起来。我很享受这个过程。"天蓝一边喝咖啡一边说。

"这个方向很不错，我都很好奇。我要报你这个班。"王鹏说。

"是吧！"天蓝很得意，但马上话锋一转，"我原本准备一直在大理住下去，但是，有一天，一个客户的话彻底改变了我。她私信我说：'天蓝，你讲的东西都很好，但就是有点不接地气。你像一个在天上飞来飞去的天鹅，的确很美很轻盈。可是我脚踩在泥巴里，我羡慕你，但是不觉得你会懂我。'看到这个，我突然觉得，只有距离用户近一点，才能理解他们的苦难。一个在大理天天喝咖啡看洱海的人，没法真的帮助到活在职场里的痛苦的人。我盘点了一下，我的客户还都在大城市，而且合作推流和运营的伙伴，很多都在北京。所以我想，为什么不回来呢？"

"所以你就马上回来了，对不？"王鹏深知天蓝是那种手脚比脑子还快的人，这一点他一直很羡慕。

"对的！"天蓝微微低头，右手展开，做了一个谢幕的姿势,"所以,老娘我回来啦!"她讲完,自己咯咯笑起来。

"不过王鹏,我这次回来还有一个困惑,就是团队太不好管理了,我们很多都是在线合作,该怎么分工,怎么分钱,怎么监督啊?你不是做到联合创始人了吗,所以我第一个想到你,过来找你取经来啦。"

"不敢不敢,"王鹏连忙摆手,"不过,技术人员转管理,的确是个坎。你是不是遇到这些问题?"王鹏在一张餐巾纸写下了四个词:救火、被动、清高、技术崇拜。

一个小时以后,王鹏详细地给天蓝讲了如何从专业转到管理,如何应对压力,如何拔出自己的第二支箭。他还和天蓝玩儿了初心游戏,提问的时候,他又一次感觉到初心的力量。

"太牛了!我都不认识你了,博士!"天蓝跳起来,拍王鹏肩膀,"这都是你想出来的?"

"不是不是,这都是胖子教我的。"王鹏被说得脸都红了,"我只是……在自己身上实践了一遍。

"不过,天蓝,我也有事情要请教。我们公司现在要进入一个全新的领域,需要从头到尾创造一个产品。我们是个小公司,资源很少,公司开了几次会,都不知道怎么从0到1。刚才你说的从0到1打造产品的方式,正好是我需要的,你能给我说说你是怎么做的吗?"

"哈哈,这些坑我也都踩过!"于是天蓝把自己怎么在大理四次突围未果,又是怎么遇到胖子,重新找到自己的定位,还有成为专家的三个秘密都说了一遍。

最后,她吐吐舌头,说:"多亏了胖子的小兄弟,把胖子搞到大理去啦。他还跟我念叨说,烦恼是菩提,有困难就有缘分。"

两个人讲完,愣了一愣。胖子一直在他们身边!

过了一会儿,王鹏突然想起来什么,他猛地站起身,跑到柜台边,拿到那张字条,指着小鱼说:"我知道这条小鱼是什么意思了!你看,我们俩第一次来到不上班咖啡馆,是在你被裁的这天,我们都觉得没出路。这上面的线条是你,下面的线条是我,这个鱼尾巴的交接点,就是胖子的咖啡馆!"

王鹏的手继续顺着线条往前移,"然后那天晚上,我们就分开了。你去了大理,我留在公司,开始死磕管理。你追寻自由,我寻求职业发展,我们两个人越来越远,似乎没有交叉了。这就是鱼的中间状态。"

天蓝也突然明白了,"然后我们现在又聚在了这个咖啡馆。这就是鱼的嘴巴。胖子早就知道我们会重新碰头,所以这里放的是《一天到晚游泳的鱼》!"

"就是这样!"王鹏说,"而且之所以我们现在能相互支持,是因为我们本来就是一条鱼的上下两面。自由职业需要创新,创新了以后就需要管理提效。而我们管理到一定阶段,也面临创新。我们俩合起来,才是一条完整的鱼,一条可以游泳的鱼。所以……"

他们两个人同时说：

"我们又见面了。"

王鹏说："我想起金庸小说里的一部武林秘籍，我们一个人拿到了《九阴真经》，一个人拿到了《九阳真经》，结果两部书合在一起，才是天下最厉害的武功。"

天蓝指着鱼旁边的几条线说："那这又是什么意思？"

王鹏说："我想，这意味着鱼要一直往前游。它得是条一天到晚游泳的鱼。因为胖子说……"

他们俩又异口同声地说：

"想都是问题，做才是答案。"

鱼的谜题解开了，天蓝问王鹏："博士，胖子还有一个问题：'如果给这条鱼起一个名字，你会叫它什么鱼？'你的答案是什么？"

王鹏想了想："我想我会叫它'自由之鱼'。"

天蓝说："啊，想到一块去了，我也叫它'自由之鱼'。我现在自由自在，做着自己生命里长出来的东西。但为什么你也会觉得叫自由之鱼呢？你活在每天都有很多规则的职场里啊，规则、KPI……这些都让人很不自由。"

王鹏说："以前我也觉得，只有你这样的才是自由。不过现在我觉得，我也是另一种自由。虽然职业、生活、客户、家庭，每一个都让我无法自由自在。但是，我找到了自己想要的东西，我每个时刻，都是真实地、自主地围绕自己想要的东西去做选择。为了我的初心，我乐意承担这些。而且，我只要尽心去做，对结果也就不那么在乎了，所以我很自由。"

天蓝点头："你这么一说，我也对自由有了更深的感受，以前我总觉得，只有一个人远离职场，无拘无束，才是自由。但完全没有约束，也就完全没有意义，我并没有感到自由，自由也让我四处碰壁。现在我倒是有了很多约束，要按时上课，要按时写账号。但是能从自己的生命里创造出来一个产品，用自己的经历真的帮到人，正是这些让我和喜欢的人联系在了一起。现在我还能和更多朋友一起，做助人的事。我也感觉很自由。"

王鹏说："或者，没有约束的自由根本不存在。真正自由，是面对选择，忠于自己；面对未知，勇敢行动。这样的人，不管在哪儿都有自由。"

那天晚上，他们又聊了很久。两个相似的灵魂，走了完全不同的路线，过着完全不同的人生，这天晚上，他们像活了两辈子。

……

要离开了，胖子还没有回来。天蓝经过门口的留言板，想给胖子留个言。

突然看到留言板上的一行字：

右边二维码，记得付款。

两个人相视大笑。

他们随后发现，在二维码下面，胖子还留给他们一张照片和一段话。

那是一张胖子在尼泊尔ABC环线穿越中，拍到的珠峰日出。

　　某个阴冷的早上，我走在路上，雪山像远古世界的巨人，带着千亿年的沉寂冷眼看着我。

　　有那么一瞬间，阳光突然就照上了山顶，千百个山峰，一起绽放金色的光。随着太阳升起，这金色就往下流动。

　　就像一滴金黄色蜂蜜，从山顶上流淌下来。

　　那一瞬间，我呆在原地，一切的辛苦、竞争都忘在脑后。

　　人生就是有这样的种种神秘瞬间，让你忘记一切。

　　王鹏，天蓝啊，希望你们在竞争、价值、自由和初心的漫长旅途里，也能有这样的时刻。

　　这是生命的精心时刻。

胖子老板的咖啡手记

"送你一颗子弹"咖啡：冷萃咖啡

　　夏天里流行的冷萃咖啡（Cold Brew Coffee），不是热水手冲，几秒出品，而是把咖啡粉直接放进冰水或者常温水中，冰箱冷藏一夜，次日喝。冷萃咖啡看上去绵柔而好入口，但其实是咖啡因含量最高的一种。时间是冷萃的秘密。专业人士的职业成长之路也是这样，看似冷静理性，其实蕴含着强大的力量。

"超级个体"咖啡：Dirty

　　Dirty 咖啡在口感上是变化的，是由浓到淡，由深到浅。这种反差感是这款咖啡的逻辑。在浓缩咖啡被逐渐稀释的过程中，醇厚的甜逐渐变成清甜，微冰的牛奶滑过味蕾，感觉干净清爽。从醇香到清甜，就像自由职业者从自我的绚烂上走下来，重新找回自己，关注他人，返璞归真的过程。

　　如果你还记得小明喝的理想主义花朵——玛奇朵，你会很惊奇地发现，Dirty 是咖啡在上，牛奶在下，正好是玛奇朵的反面。青年人从理想走入现实，而中年人要从现实，回归理想。

尾声：咖啡馆的告别晚会

今天周五，意外地不用加班。小明推掉同事们的火锅局，准备回家通宵刷科幻剧《三体》。刚打开电脑，手机上一条短信"叮咚"跳出来。

亲爱的朋友们：

　　我深感遗憾地通知您，"不上班咖啡馆"将于本月 15 日永久关闭。我决定在本周六晚十点，在 CBD 137 号一楼不上班咖啡馆举行一场告别晚会，作为与您最后的独特回忆。

　　在过去的日子里，您的支持和友谊一直是我的动力。在此，我衷心邀请您参加这次晚会，与我共度这一特殊的时刻。

　　期待在那一天能见到您。

诚挚的胖子

咖啡馆不是消失了吗？

但小明没有犹豫太久，他查了一下第二天早上的飞机，机票价格略贵，但他觉得值得。没有胖子，他走不到今天。

周六晚上九点半，小明回到了熟悉的CBD，走过熟悉的天桥，河流依然奔腾不息。小明想起他曾站在这里看着万家灯火，想象会不会有一个自己的家。今天，他已经在另一个城市找到自己的方向，那座城市不像大海，而像山。

他一边走一边想，胖子还好吗？小黑还在吗？这次见面，我一定要问问胖子，他到底是谁？以前是做什么的？为什么要开这样一家咖啡馆？还有谁会来？他们又都是什么样的人？想到这里，小明加快了脚步，似乎害怕稍微晚一点，那家咖啡馆又会像上一次一样，消失无踪。

拐到最后一个角落，小明的心怦怦跳起来，他太害怕这只是一场恶作剧了。幸好转过去，他又看到了那家熟悉的咖啡馆，广告牌发着令人安心的黄光，似乎从未消失过。就是在对面的长椅上，他喂了小黑，转身看见了胖子。

进门的时候他左右看看，没发现白色摩托车。胖子也许还没来。

他推开门，里面的装饰还是熟悉的老样子，光滑的柜台，一样的桌椅布置，一样的壁画，一样的灯光。不过胖子没在。而咖啡馆座位上，坐着三个人。其中一对男女看上去已经认识，正在小声交谈。而一个穿着蓝色风衣的女生，正在看着墙上的小熊骑摩托的挂画。

看见他来，他们都转过来，看向门口。发现是一个年轻人，他们都有点失望。

"你们是……来参加告别晚会的？"小明问。

三个人都点点头。

"胖子呢？"

大家又都摇摇头。

小明关上门，走过门口的布告板，瞥见上面顶着一个信封，信封上写着：

不上班咖啡馆告别晚会十点正式开始，届时请拆开这封信。

奇怪，刚才怎么没人看见。

小明拿起这封信，招呼大家围上来，轻声地读出这句话。那对男女中的女生，递给他一杯咖啡。大家看完信封上的字，都安静下来。他们看看表，还有三分钟到十点。大家安静下来，信在所有人的目光交会处，安静地躺着，似乎会突然跳出来什么惊人的秘密。

咚——咚——咚——墙上的钟终于响了起来。

他们一起打开信，小明读了出来：

亲爱的小明、木子、王鹏和天蓝：

你们好啊！

我知道你们都会来的，很想你们。

请原谅我的不辞而别。当你们看到这封信，引擎已经启动，公路已经展开，我骑上了车，开始了新的探险。也许是另一个城市，也许是城市的另一个角落，我还不知道会开往哪里。但是，生命如果不是一场冒险，那就什么都不是！

谢谢你们对我的信任，把你们的一段生命交付给我，我们一起聊天，一起醒来，一起看到这个世界很大很大，人生有无限可能。而且这可能不在远方，就在自己心里。

我想邀请你们做最后一个游戏：每个人都坐下来，讲述一下自己与不上班咖啡馆的故事，说说自己发生的改变。就从今晚衣服上有黑色的这个人开始吧。

你们所在的这家咖啡馆，将于明天早上第一缕阳光照来时消失。所以，不用着急，我们还有一个很长的晚上可以玩这个游戏。

这个游戏过后，也许你会得出和我一样的结论：虽然看上去，每个人都是一座座孤独的火山，但在更深的底层，每个人都紧紧相连，流动着一样的熔岩。每个人都只是同一个世界显现自己的不同方式。

GOGOGO！

你们的朋友胖子

下面是咖啡馆的那个LOGO，巨大的眼睛，看着自由车轮，带着两颗心，照向心里。

"那我先来吧。"王鹏今天正好穿了一件黑色的 Polo 衫。

天蓝撇撇嘴，"胖子还是这么古灵精怪，我们试试看！我排他后面。"

木子微微一笑，"好，我做第三个。"

小明也笑起来，"是胖子的风格。那就来吧。"

接下来的时间里，他们开始轮流讲自己的故事。讲自己是怎么闯入这个咖啡馆的，讲胖子对他们提的问题，讲他们在各自生活里的碰碰撞撞，讲他们生活的转机，讲今天自己做的事，讲明天的梦。

小明说他如何从公司和职位里醒来，看到整个行业世界，找到定位。

木子说她是如何从角色里醒来，开始做自己人生的导演。

王鹏讲他如何从专业里醒来，理解了自己如何能真正地创造价值。

天蓝讲她如何从自由的梦里醒来，生长出自己的产品和人生。

奇怪的是，他们当中虽然有人互不相识，却都对对方的故事心领神会。似乎是同一个灵魂，住在不同的身体里，过着不同的生活。这是一场老朋友灵魂的重聚。他们理解了胖子的话，**每个人看似孤独，其实深深相连。**他们似乎在各自突破自己的

人生，追寻各自的真相，进入各自的未来。但当他们相互沟通，他们就在活出彼此的人生。也正是因为这样，他们从不同的地方、以不同的方式、在不同的人生里，醒来。

最后，他们把话题转到胖子和这家咖啡馆。

"为什么咖啡馆总是晚上九点多开啊？"

"哈，这个我知道！因为胖子说过，**打工人最清醒的时候，就是下班后。**"小明说。

"你发现没，为什么胖子总是提问题，但从来不帮我们出主意啊？"

"因为，问题比答案重要啊，而答案在自己的心里。我们既是自己人生的导演，也是自己人生的演员。我们要自己演绎出自己的生活。"木子说。

"你注意没有，胖子的打折卡，只有15天有效啊？"

"胖子说过，想都是问题，做才是答案。一件事15天不做，你也就永远不会做了，你就会永远都喝不到下一杯咖啡。路不是想出来，而是走出来的。"王鹏说。

"唉，胖子走了，以后我们有问题，能找谁去呢？"

"过去的路里，就有明天的路。未来的宝藏埋在过去的人生。和牧羊少年一样，走到了世界的尽头，发现宝藏其实就在身边。"天蓝说。

她又环顾周围几个人的眼睛，"何况现在，我们有好多宝藏了。"

最后有人问："你们说，胖子是真实存在的人吗？"

大家都安静了。

沉默了很久，王鹏说："我看过一本书，讲王阳明的心学，他说'本自具足，何须外求'。每个人的心里，都有足够的智慧和勇气，帮我们自己走出困境。说不定，胖子就是我们心里的自己呢？"

木子说："每个人都是自己的导演，不过有时候，导演也需要监制帮忙,我觉得胖子就是上天派来帮我拍好人生电影的监制。如果世界上到处都有魔鬼,为什么不能有天使呢?"

小明说:"我不知道,不过我很想他。有一天,我也要成为别人的胖子。"

大家又沉默了。

最后,还是天蓝打破沉默,她笑起来,像嘴里咬了一线阳光:"你们想破脑袋去吧!!管他呢!反正我们也找不到他了。但我们找到了自己,找到了自己的路,还有了你,你,和你。这不是最真实的吗?"

是啊,

毕竟,我们不准备成为胖子,我们只能成长为,自己的样子。

(全文完)

跋：故事是苦难的滑滑梯

书看完了，还喜欢吗？

最后再说一个故事吧。

作家卡夫卡，四十一岁，死于肺结核。在他生命最后的时光，有一天，他和女友一起在柏林的一个公园散步，卡夫卡看到一个小女孩在长椅上哭泣，她的眼泪像小河一样流淌。

"你为什么哭呢？"卡夫卡问。

"我的玩偶丢了。"

"她叫什么名字？"

"苏西（Soupy）。"

"你呢？"

"我叫艾玛（Irma）。"

卡夫卡和艾玛一起找了很久的娃娃，还是找不到。

卡夫卡突然想起什么，说："天啊，是一个叫作苏西的小娃娃吗？她去旅行了，娃娃都喜欢这样。我想起来，她有一封信在我这里，就在我上衣口袋里，她让我明天给你拿过来。"

"你是谁啊？为什么有苏西的信？"

"我是一个邮差。"

第二天，邮差卡夫卡给女孩读了苏西的信：

艾玛：

　　请原谅我的不辞而别。

　　当单车驶过，车前的篮子空着，我来不及思考，就一下子跳了进去，你知道的，像我一直想象的那样——开始冒险。

　　　　　　　　　　　　　　一直把你放在心里的苏西

第三天，苏西到了伦敦，她喝了地道的早茶。第四天，她骑着骆驼穿过了广阔的撒哈拉，然后是遥远的印度、中国，她在死海里游泳，爬上雄伟的喜马拉雅……每天，苏西在全世界各地冒险。她每天给艾玛写信，不断告诉艾玛，自己有多想她，多感谢她给了自己自由。

邮差卡夫卡每天回到家，就伏案开始写这些信，像搞他的文学创作一样认真。这是他在病魔缠身的不多的日子里，最重要的事。

这些信一共写了三周，共二十封，卡夫卡知道，这个故事一定要完结了。

他给小女孩读了苏西的最后一封信。

嗨，艾玛：

我刚刚参加了一个去南极的探险队，我的工作是拿着冰镐在船前面破冰，这样船能顺利开过去。因为这个冒险又远又难，我可能没法给你写信了，所以这一封信，就是告别了。你是个大胆又坚定的女孩，作为你曾经最心爱的娃娃，我永远自豪。

感谢你给我自由和勇敢的苏西

"所以，苏西永远不会回来了吗？"艾玛问。

"是的，探险意味着世界有很多伟大等着被发现。"卡夫卡说，"苏西一定很感谢你，给了她这种自由。"

小女孩沉默一会儿说："我长大了，也要出去探险，像苏西一样。"

卡夫卡送给她一支笔和一个本子，说："你也可以把它们记下来，这样你也可以给世界写信。"

这是件真实发生在卡夫卡临终前的事情，他的女友朵拉记录下了这一切。不过她并没有留下手稿，这些信件就真的给了那个小女孩。也因为没有真实的信，卡夫卡迷们就改编出很多版本，而我独爱这一个，故事来自叫 *Kafka and the Doll* 的绘本，是 Larissa Theula 和 Rebecca Green 的作品。

在故事的结尾，卡夫卡没有编造一个完满的大团圆结局，而是把娃娃安排到一个艰难而伟大的探险里去，最终离开了小女孩，就像他们第一次在公园遇见那样。

和心爱的事物告别，独自面对危险的人生，是每个成年人都要经历的事。故事没有改变这个事实，却把这个突然的坠落铺垫成了滑滑梯。在善意铺成的滑滑梯上，失去和成长不再可怕，甚至有些快乐和刺激。就像卡夫卡自己说的那样："并不是每个孩子都能勇敢又坚韧地探索世界，直到他们看到世界表面之下的善意。"

借着一个又一个故事的铺垫，下落的重力变成了向前的冲力，昨日的失去变成了明日的追寻。艾玛决定出发，像娃娃一样，探索自己的世界。成长之痛，变成成长之梦，这就是故事的力量，也是古往今来，所有的神话和寓言一直在做的事。

这也是写一本书或做一个咨询的本分。我们不能改变事实，但能改变看待事实的角度，发现这些事实背后的美好意义，让我们从下坠，变成向前冲。这也是本书想做的努力。

上班、职业、带娃、成长……这些都是残酷又艰难的，却往往又是必要的。我想你也能猜到，这些故事来源于我身边很多真实的人，他们经历了很多不易的事，而对于真实生活里，很多比书中人物更普通的人来说,这个变化更加不易,也更富有意义。

胖子作为邮差,他无力改变这种残酷,但他可以持续地给大家讲故事,一个个故事铺成滑滑梯,让那些下坠,变成向前冲的目标,变成勇气。

嗨!这个世界有许多伟大的事情等着人们发现,希望你们能出发去自己的南极!

别忘了带上纸和笔,给这个世界写信。

GOGOGO!

参考资料：

- 《中国人口普查年鉴-2020》我国平均初婚年龄为 28.67 岁。
- 《柳叶刀-公共卫生》至 2035 年，中国大陆居民预期寿命将达到 81.3 岁。
- 全职妈妈的家务统计，来自安·奥克利的《看不见的女人》。
- 妈妈的时间管理方法和图表，来自时间管理专家邹小强的学员案例，代表作《小强升职记》。
- 不完美主义部分的观点，来自斯蒂芬·盖斯的《不完美主义者》。
- The Opt-Out Revolt: Why People Are Leaving Corporations to Create Kaleidoscope Careers（《用退出来反抗：为什么人们离开公司去创造万花筒的生涯》），Lisa A. Mainiero and Sherry E. Sullivan.
- Normative Model of Women's Brain Drain to Their Homes（《妇女人才流向家庭的规模范式》），Nancy Guzman Raya.
- 万花筒图片参考自《通用万花筒模型的理论》（Beta Kaleidoscope Career Model, Mainiero & Sullivan, 2005, 2006）。
- 人生不同阶段的角色分配图，来自 Donald E. Super 的生涯彩虹图。
- 《青年人的 35 岁危机是真的吗？》，作者是北京大学社会研究中心博士研究生何雨辰。
- 《中国中老年消费洞察与产业研究报告 2022》，来自 Age Club。
- 成为专家的五个阶段，改编自 Russell Brunson《Expert Secrets》。

不上班咖啡馆

作者 _ 古典

产品经理 _ 王宇晴　装帧设计 _ 吴偲靓　物料设计 _ 于欣
产品总监 _ 岳爱华　技术编辑 _ 顾逸飞　责任印制 _ 杨景依　出品人 _ 王誉

营销团队 _ 毛婷　魏洋　陈玉婷　马莹玉

鸣谢（排名不分先后）

沙文博　曾捷　陈乐朴　一草　思明

果麦
www.guomai.cn

以 微 小 的 力 量 推 动 文 明

图书在版编目（CIP）数据

不上班咖啡馆 / 古典著 . -- 成都：四川文艺出版社, 2024.7（2024.9重印）. -- ISBN 978-7-5411-7002-7

Ⅰ. B821-49

中国国家版本馆CIP数据核字第2024B97J34号

BUSHANGBAN KAFEIGUAN
不上班咖啡馆

古典 著

出 品 人	冯　静
责任编辑	王思鈜　谢雯婷
装帧设计	吴偲靓
责任校对	汪　平
出版发行	四川文艺出版社　（成都市锦江区三色路238号）
网　　址	www.scwys.com
电　　话	021-64386496（发行部）　028-86361781（编辑部）
印　　刷	天津丰富彩艺印刷有限公司
成品尺寸	140mm×200mm
开　　本	32开
印　　张	10.5
字　　数	208千
印　　数	70,001 - 80,000
版　　次	2024年7月第一版
印　　次	2024年9月第五次印刷
书　　号	ISBN 978-7-5411-7002-7
定　　价	59.80元

版权所有　侵权必究。如发现印装质量问题影响阅读，请联系021-64386496调换。